Welsh Terrier

# イヌと一緒に暮らす本

Living with the dog

宝島社文庫

宝島社

Brussels Griffon

Siba Inu

Miniature
Dachshund

Labrador
Retriever

French Bulldog

ボールどこいった？

Cavalier King Charles Spaniel

Cairn Terrier

Scottish Terrier

Chihuahua

Brussels
Griffon

Welsh Terrier

みんなカワイイね。

French Bulldog

Jack Russell Terrier

Toy Poodle

Basset Hound

# CONTENTS

Q&A Part 1

# 犬の食事、生活習慣、しつけについて

食事／生活習慣／しつけ

# 食事

## Q 001 エサは決まった時間に与えるほうがいいのですか。

**A** 可能な限り、毎日同じ時間に同じ場所で与えるようにしましょう。また、エサを食べ終わったら、すぐに食器を片付けるようにします。食べさせる時間の目安は10分程度です。このように、一見厳しくもみえる決まりをつくるのには理由があります。時間を決めずに食事を与えたり食器をいつまでも出しておいたりすると、イヌはいつでも食べられると思い、食欲にムラが出ることがあるのです。こうなると、食欲を観察しても、健康状態のチェックに役立てることができなくなります。

## Q 002 「腹八分目」はイヌにも当てはまるのですか。

**A** 当てはまります。もう少し食べたそうな素振りをみせる量がわかったら、次の食事からはその分量のエサを食器に入れて出します。食べ残すほどの量のエサを与えて、イヌが自然に食べなくなるまで待っていたら、食欲にムラが出てきます。

## Q 003 ドライフードと缶詰、どちらのエサのほうがイヌの健康にはいいのでしょうか。

**A** きちんと栄養がとれるものであれば、どちらでもかまいません。ただ、ドライフードのほうが歯石がつきにくいようです。また、缶詰のエサの中には、栄養のバランスがいまひとつのものがあるようです。念のため、商品購入の際には、「総合栄養食」「完全栄養食」の表記があるか確認しましょう。「どちらがいいか」というよりも、両方の特徴を理解して、イヌの体調に合わせて上手に使い分けるといいでしょう。

## Q 004 ドッグフードはずっと同じものでいいのでしょうか。

**A** 年齢や体の状態によって必要な栄養量が変わりますから、それ相応の食事を用意するべきです。たいてい、イヌは目の前に出されたドッグフードをたいらげますが、そのときに適していないものを食べ続ければ、後になって悪影響が出てきます。以降に出てくる問と答を参考にしながら、それぞれのイヌに最適なドッグフードをあげるようにしましょう。

## Q 005 ペットフードのラベルの表示の中に、「一般食」と書かれているものをみつけました。一般食とはどのようなものなのでしょうか。

**A** 「一般食」と表示されているものは、エサの中の栄養成分が保証されていません。たまに与えるならば何の問題もありませんが、こうしたものと水だけを長期間与え続けていると、栄養不足となるケースがまれにあります。「おやつ」「間食」と表記されているものよりは食事向きですが、やはり毎日の食事には「総合栄養食」「完全栄養食」と表記されているものを選んであげましょう（問3参照）。

## Q 006 ミネラルウォーターと水道水、どちらのほうがイヌにとっていいのでしょうか。

**A** 水道水でもまったく問題ありませんが、積極的にイヌの健康を管理したいならば、ミネラルウォーターを使うのがいいでしょう。なかでも、カルシウムイオン水がいいでしょう。というのも、酸性に傾きがちなイヌの体質を改善させる効果が期待できるからです。もちろん、購入のための費用や手間も考慮する必要があるかとは思います。

## Q 007 イヌもおやつを欲しがっているのですか。

**A** おそらく欲しがっているでしょう。しかし、何でも与えてしまうのは問題があります。健康面だけを考えれば、おやつは

特に必要なものとはいえないからです。しつけの際のごほうびなど、どうしても与えたい場合には、商品の栄養表示をしっかりと確認しましょう。与える量は、1日の食事量の10%以内に抑えましょう。

## Q 008 玉ネギを食べさせてはいけないって本当ですか。本当ならば、食べてしまった場合はどうすればいいのですか。

**A** 玉ネギや長ネギなどのネギ類の中には、イヌが食べると中毒や貧血を引き起こす成分が含まれています。熱を通したり量が少なくても、イヌにとっての毒性は消えません。間違って食べさせた（食べてしまった）場合は、すぐに吐かせてください。1〜2日たって特に異常がなければ、そのままにしておいても大丈夫です。しかし、赤褐色の尿が出たり、下痢や嘔吐、鼓動が速くなるなど、玉ネギ中毒の代表的な症状が出てきたら、病院に連れて行きましょう。

## Q 009 最近、イヌ用のサプリメント（健康補助食品）の広告を雑誌などでよくみかけます。試してみようと思うのですが、注意することはありますか。

**A** 現在、さまざまな効能をうたったサプリメントがあふれています。すでに愛犬に与えた方の中には、確かにその効果を実感された人も多いようです。ただし、あくまでも「補助食」であるからこそ、与え過ぎたり食事との兼ね合いから起こる栄養過多には注意しましょう。たとえば、ビタミンAをとり過ぎると、足に痛みが出て歩き方がおかしくなる場合があります。また、ビタミンDをとり過ぎれば心臓や肺などに石灰沈着が起こり、さまざまな病気の

原因となることもあります。ですから、基本的にはかかりつけの医師に相談してみることをおすすめします。

## Q 010 ビーフジャーキーを主食にしてはいけないのですか。

**A** たいていのイヌはビーフジャーキーがとても好きなようですが、総合栄養食と表示されていないものはやめましょう。塩分や脂肪分がかなり含まれていますし、カロリーもけっこう高いのです。また、保湿剤として加えられている成分が肝機能などに影響を与えることがあり、長期にわたって食べさせると、小型犬では健康を損なうおそれがあります。おやつとして与える際も、こうした点に注意して、たくさん与えないようにしましょう。

## Q 011 チョコレートや生卵は与えないほうがいいと聞きました。

**A** チョコレートは、絶対に与えてはいけません。カロリーオーバーにつながりやすいだけでなく、大量に食べると下痢や嘔吐、多尿、発熱、けいれんなどの症状をともなう中毒を引き起こすからです。ときには、死を招くことさえあります。中毒の原因となる物質は、ココアやお茶などにも含まれていますから、これらも与えないようにしましょう。一方の生卵のほうは、あまりたくさん与えると、栄養バランスを崩すといわれています。また、黄身だけなら生でも大丈夫ですが、白身は加熱してから与えるようにしましょう。

## Q 012 イヌといっしょにネコも飼っています。キャットフードをイヌに食べさせてもいいのでしょうか。

**A** 別に構いません。ただ、毎日ということになると、おすすめできません。というのも、ドッグフードと比べると、キャットフードには動物性タンパク質や脂肪が多く含まれているからです。これは、ネコ用に作られたものなので当然のことです。しかし栄養学的にみれば、イヌにはネコほどの動物性タンパク質や脂肪は必要ありません。かえって、栄養バランスを崩してしまったり、肥満の原因をつくることにもつながります。

## Q 013 イヌの健康面を考えると、与えないほうがいい食材はけっこう多いと聞きました。具体的に、どのようなものがあるのですか。

**A** 消化不良や貧血、中毒の原因となる食材、塩分や糖分の過剰摂取につながる食材には、次のようなものがあります。ネギ類（玉ネギ、長ネギ、ニラなど）、ニンニク、ショウガ、魚介類（イカ、タコ、エビ、クラゲ、貝類全般）、ナッツ類、お菓子類（チョコレート、キャンディーなど）、刺激物（トウガラシ、ワサビ、カラシ、カレー粉など）、シイタケ、タケノコ、コンニャク、など。

## Q 014 イヌにとっても、塩分のとり過ぎはよくないのですか。

**A** 現在の人間の食事は、概して塩分が多く含まれています。汗腺が退化して汗をほとんどかかないイヌがこうした食事をとると、腎臓や心臓に過度の負担をかけることになります。たとえば、ハムやソーセージ、かまぼこなどは人間にとっては問題ありません

が、イヌにとっては食べ過ぎると塩分の過剰摂取につながります。手作りの食事を与える際にも、塩などの調味料で味付けをする必要はありません。また、糖質や脂肪が多いお菓子類、裂けてのどに刺さりやすい鶏の骨なども与えないほうがいいでしょう。

## Q 015 市販の人間用の牛乳を飲ませてもいいんですか。

**A** 成犬は、牛乳に含まれている乳糖を分解する消化酵素を少量しか持っていません。ですから人間用の牛乳を飲ませると乳糖不耐性の消化不良を起こして下痢になったりすることがあります。牛乳で下痢をするイヌには、たいていのペットショップで販売されているイヌ用のミルクを使うようおすすめします。

## Q 016 私はコーヒーが大好きです。飼っているイヌに、コーヒーをいっしょに飲ませてもいいでしょうか。

**A** みなさんご存じのように、コーヒーにはカフェインが含まれています。実は、このカフェインはイヌにとって毒性が強い物質です。もちろん、摂取量やそれぞれのイヌの体質の差はあります。しかし、少なからぬ量のカフェインを口にすると、体温が上昇して呼吸や拍動が激しくなったり、震えやケイレンを起こしたりすることがあるのです。ですから、カフェインが含まれるものはイヌに与えないようにしましょう。



## Q 017 手作りの食事を与えたいと思うのですが、イヌにとって必要な栄養素はどんなものがありますか。

**A** イヌにとって必要不可欠な栄養素は主に6つ。①水：体重の60%が水分であり、水分補給は直接生命を左右するほど重要なことです。また、各器官の機能や代謝をスムーズに行うためにも、じゅうぶんな水分が必要です。②タンパク質：体内でアミノ酸に分解されて、血液や内臓など、イヌの体を構成する細胞のほとんどを

形成する重要な成分。③ビタミン類：特に重要なビタミンは、4つ。目の健康維持に必要なA、骨や歯を丈夫にしてくれるD、神経や皮膚の働きを助けてくれるB群、繁殖や脂肪の代謝に役立つEです。④ミネラル類：カルシウム、リン、鉄、塩化ナトリウム、カリウムなどを指します。骨格を形成する際に欠かせないもので、神経や筋肉の活性化、体液のバランスを整える役割を担っています。⑤脂肪：イヌが活発に活動するための重要なエネルギー源。ビタミンA、D、Eなどの脂溶性ビタミンを吸収する手助けをしてくれますが、与え過ぎると体内に蓄積し、肥満や下痢の原因になったりするので要注意。⑥糖質：穀類やイモ類などに含まれているものを指します。本来、肉食のため無縁でしたが、手軽にエネルギー源をとれるうえに肉類より安価という利点から、人間が与えるようになった栄養素。また、この糖質に含まれる粗繊維物は、腸の働きを活発にし、便通をよくしてくれます。

## Q 018 それぞれの栄養素を与える際のコツはありますか。

**A** ①水：イヌが、いつでも自由に新鮮な水をじゅうぶん飲めるように。また、外出時も、イヌ用の水筒を忘れずに持参。②タンパク質：牛肉の赤身や鶏のささみなどに含まれる動物性をメインに、豆腐などの植物性を足してやると、より質の高いアミノ酸が得られます。③ビタミン類：イヌに必要なビタミン（問17参照）を多く含む食品（レバーなどの内臓肉、大豆、ジャガイモ、ホウレン草、卵黄、大麦、小麦、米の胚芽、ニシンやイワシ）のどれかを毎日必ず与える。④ミネラル類：カルシウムとリンは2対1の割合で摂取するのが理想的ですが、多くの食品はリンのほうが含有率が高いようです。ですから、特にカルシウムは意識的に補ってやる必要があります。また、塩分を与え過ぎると食欲にムラが出たり、病気を引き起こす原因になりかねないので、要注意。⑤脂肪：1日の必要摂取量は、体重1kg当たり1.1g（成犬の場合）。余分に摂取して体内に貯蔵された脂肪は、必要に応じて燃焼されます。よって、脂肪が蓄積され過ぎないように運動不足に注意しましょう。⑥糖質：ドッグフードには、糖質がじゅうぶんに含まれています。ですから、ドッグフード以外にさらに与えるような場合は、医師の意見を仰ぐほうがいいと思われます。

## Q 019 生まれたばかりの赤ちゃんイヌは、ミルクだけで満足しているのでしょうか。

**A** 生後まもない赤ちゃんは、出産後24時間以内の母乳から病気に対する抵抗力を得ていますから、このミルクを飲まなければいけないのです。もし飲まない場合は、いち早く予防接種を受けたほうがいいでしょう。また、生後から約3週間は、ミルクだけで

じゅうぶんです。母イヌがいなかったり母乳が出ないような場合は、イヌ用の粉ミルクをぬるま湯で溶かして与えます。与える量の目安は、生後1週間目までは体重1g当たり0.14ml（1日）、その後は同0.17〜0.2mlです。

## Q 020 離乳食は、いつ頃から始めて、1日に何回あげればいいのですか。

**A** 生後3週目頃から離乳食を与えます。市販されている離乳食を利用するのが、最も簡単な方法でしょう。缶詰タイプならイヌ用ミルクを混ぜ、ドライタイプならお湯を入れてふやかしてからミルクを混ぜます。便が軟らかくならないように注意すれば、1日4回、子イヌが欲しがる量を与えてけっこうです。完全な乳離れは生後1カ月たってからでもいいので、慌てる必要はありません。

## Q 021 乳離れ後の子イヌの食事で気をつけることはありますか。

**A** 生後1カ月を過ぎる頃からは、成長期用ドッグフードに慣れさせます。まずは、ぬるま湯やイヌ用ミルクでふやかしたドッグフードを、離乳食に少しずつ混ぜていきます。そして徐々にドッグフードの割合を増やしていき、成長期用ドッグフードをそのまま食べられるようにするのがいいでしょう。生後3カ月を過ぎる頃から6カ月までの食事回数は1日3回。この成長期の子イヌは、成犬の約2倍のカロリーを必要としていますから、食事を忘れたりなどして栄養不足にならないようにしてください。

## Q 022 成長期の子イヌのエサには、カルシウム剤を添加したほうがいいのですか。

**A** この時期の子イヌは、確かにカルシウムを特に必要としています。生後3カ月～6カ月といえば、丈夫な骨をつくる時期であると同時に乳歯から永久歯に生え換わる時期なのです。ただ、もともとカルシウムを多めに含む成長期用ドッグフードを利用しているならば、カルシウムの過剰摂取による弊害もあるので、特に添加する必要はありません。

## Q 023 おとなになったイヌに、成長期用のドッグフードを与え続けてはいけないのですか。

**A** 成犬用のドッグフードに比べ、成長期用のドッグフードはカロリーや各種栄養・ミネラルが増量されています。なぜなら、子イヌが健やかに成長するために必要だからです。しかし、おとなになってもこのエサを与え続けるとなると、問題が出てきます。カロリーの過剰摂取は肥満につながり、ミネラルの過剰摂取は結石の原因となります。やはり、成犬用のドッグフードを1日1〜2回与えるのが賢明です。

## Q 024 年をとったイヌの食事で気をつけることはありますか。

**A** 歯や内臓の機能が衰えるなどの老化現象は、7歳頃から現れます。この時期は若いときよりも運動量が落ちているので、高カロリーの食事にならないように。また、塩分やタンパク質、脂肪分をとり過ぎると、心臓や腎臓に負担がかかって機能低下が早まります。やはり、市販されている老犬用ドッグフードを利用するのがいちばん便利です。ドライタイプのドッグフードを与える際には、イヌ用の牛乳をかけたり少し煮るなどして、軟らかく消化のいい状態で与えましょう。

## Q 025 妊娠中・授乳中のイヌの食事で気をつけることはありますか。

**A** 市販されている、妊娠・授乳中のイヌ用のドッグフードはカルシウムやタンパク質を多く含んでいます。こうしたドッグフードを利用しましょう。妊娠6週目以降は食事回数を1日3〜4回にして、たっぷりの栄養を与えてあげます。授乳中は、母乳の出をよくするためにも、1日に最低3回は食事を与えましょう。常に食事をとることができるように、食器をイヌの脇に置いておいても構いません。産後2〜3週間ほどたてば、普通の食事に戻してけっこうです。



## Q 026 妊娠中・授乳中のイヌのエサにも、カルシウム剤を添加したほうがいいのですか。

**A** 妊娠・授乳用のドッグフードには、カルシウムがじゅうぶんに含まれていますから、添加の必要はありません。添加することで、かえって母イヌやお腹の中の赤ちゃんイヌに悪影響が出る場合が少なくありません。妊娠・授乳用のドッグフードのほかに何かあげたい場合は、念のため医師に相談してみましょう。

## Q 027 食事が近い時間になると、黄色い液や泡を口から出します。しかし、食欲はじゅうぶんあるようです。どう対処すればいいのですか。

**A** 黄色い液体の成分は、胆汁が混じった胃液です。おそらく、食物がなかなか胃に入ってこないため、胃酸過多の状態になっているのでしょう。まず、食事時間を少し変えてみましょう。よく嘔吐する時間の30分ほど前にエサを与えるのです。つまり、胃の中が空っぽになる時間を少なくしてみるわけです。また、エサを1日1回与えている場合は、2回に増やしてあげてもいいでしょう。こうした方法を試しても改善しなければ、ほかに原因が考えられるので病院に連れて行きましょう。

## Q 028 食事中、エサや水を飛ばすように吐きます。どう対処すればいいのですか。

**A** 食べ物を胃までうまく運べない病気、巨大食道症の特徴的な症状です。そのままにしておくと、最悪の場合は肺に食物が入って肺炎になり、呼吸困難で死亡することもあります。ですから、すぐに病院に連れて行きましょう。また、その後は、軟らかくて消化のいい食事にすべきなので、その点を医師によく相談しましょう。

## Q 029 食事をして少したって吐いたので驚いています。病院に連れていくべきでしょうか。

**A** 嘔吐がこの1回だけで、元気で食欲があって体温に異常がなければ、しばらく様子をみてみましょう。症状が改善されていれば、一時的な食べ過ぎで吐いたのだと思います。しかし、元気や食欲がなく、1日に何回も吐いたり吐く仕種をするのに吐かないなどは急いで病院に連れて行かなければなりません。胃拡張や胃捻転ならば、一刻も早い処置をとらないと死に至ることもあります。このほかにも、胃腸のさまざまな病気や感染症初期の中毒、子宮蓄膿症などが考えられます。

## Q 030 食べる量にムラが出始めました。このムラをなくさせる方法はありますか。

**A** まず、違うエサを用意してあげましょう。これで一気に問題が解決したら、イヌはいつも同じ内容の食事に飽きていたのだと思います。また、遊びぐせがついているならば、しつけをやり直す必要があります。ただ、慢性の内科の病気や精神不安定の場合も考えられます。先にあげた2つの原因ではないと感じたら、尿や便、体温などの状態をよくみて、医師に相談してみましょう。

## Q 031 水を大量に飲んでいます。何か体調が悪いのでしょうか。

**A** その症状のほかに、体の各部位に異常がなければ、食事やおやつで塩分を多く与えていたのでしょう。塩分を控えて様子をみましょう。大量の水を飲むことはなくなるはずです。一方、避妊手術を受けていないならば、子宮蓄膿症のことがあります。また、多飲・多尿の症状は、糖尿病、やせていれば甲状腺機能亢進《こうしん》症などのホルモンの病気が原因でも起こります。いずれも医師の処置が必要ですが、病院に行くまでは水を自由に飲ませてあげましょう。無理に水を制限すると、脱水症状を起こすことがあります。

## Q 032 以前と比べ、水をほとんど欲しがりません。どう対処すればいいでしょうか。

**A** イヌが元気で手作りの食事を与えている場合は、それほど心配することはありません。おそらく、食事に含まれる水分量

が多いため、わざわざ飲む必要がないだけだからです。しかし、元気がなくてドライフードだけを与えているような場合は、問題があります。実にさまざまな病気の可能性があるので、至急病院に連れて行ってください。

## Q 033 エサを少しずつ食べなくなってきました。元の量を食べるようにする方法はありますか。

**A** 何らかの病気にかかっている可能性が高いので、元の量を食べさせるよりも先に病院に連れて行きましょう。この症状が出た場合は、さまざまな病気の可能性があります。胃・肝臓・腎臓・膀胱などの内科の病気のほか、各種感染症、口内炎や歯肉炎まで考えられます。

## Q 034 自分でしたフンを食べるので困っています。どうすればいいでしょうか。

**A** この問題の原因については、いろいろな意見がいわれています。①エサに含まれる栄養素が不足していたりバランスが悪

いため、フンに残っている栄養分を補給しようとしている。②エサの量自体が少ない。③飼い主の無関心や運動不足などによるストレス。④ドッグフード中の食欲をそそる香料がフンに残っている、などです。特に、手作りのエサをあげている場合は①の原因の可能性があるので、医師に相談しましょう。②と③については、すぐに改善できるはずです。④については、ドッグフードをほかのものに替えて対応しましょう。また、寄生虫感染がないか検査を受けましょう。

**Q 035 毎晩、飼いイヌのハスキーとジョギングしています。しかし最近、走った後の気分が悪いようで、げっぷをよくします。どこか悪いのでしょうか。**

**A** 食事の直前や直後に運動をすると、胃がふくらむことがあります。そしてさらに、このふくらんだ胃がねじれてしまうこともあり、そうした状態になっても放っておけば、死に至ることまであります。シェパードや秋田犬などの大型犬では、特に注意が必要です。そのような症状がみられたら、すぐに医師に相談してみるのがいいでしょう。特に、お腹がふくれて痛がっていたり、吐くような仕種を繰り返していたら至急連絡をとるべきです。予防のためには、まずは大量のエサを一度に与えないようにし、食事の直前・直後の運動は控えることが大切です。



## Q 036 草を食べては吐く、という行動をたまにします。そのままにしておいてもいいですか。

**A** イヌが吐いた後の様子をよくみて、以前と同じく元気で食欲もあるならば心配いりません。人間でたとえるなら、不快な胸やけを自分で治そうとしている行動です。草を食べることで胃を刺激し、あえて吐きやすくしているわけです。

## Q037 吐いたものを、そのまますぐに食べてしまいました。どう対処すればいいのですか。

**A** エサを急いで食べたりして吐いたならば、そのまま食べても問題はありません。また、異状なもの、特に腐ったものや異物を食べてしまったときも、イヌやネコはすぐに吐き出します。ただ、その場合は吐き出したものを再び食べることはありません。

## Q038 1匹しかいないのに、うちのイヌは食事を慌ててガツガツと食べます。何かの病気と関係があるのではないかと心配しています。

**A** 本来イヌが群れで行動することを考えてみれば、慌ててガツガツと食べるのは本能的に賢い食べ方といえます。また、早食いはときとして吐き戻しを誘いますが、これも本能の面を考えれば合理的な行為です。母イヌが子イヌにエサを与えるときなどは、こうして消化のいい状態のエサを与えることはよくあることなのです。ただし、エサを食べているときに近づく人を威嚇するようであれば、そのイヌは自分が人間よりも上位だと思っています。「しつけ」の項目を参考にして、しつけを行ってください。

### Q 039 散歩中に石や木片などを食べようとします。正常な食行動とは思えず、困っています。

**A** 基本的に、こうした行動をとる原因は問34に対する答えと同じです。ただ、こうした消化されないものを完全に飲み込んだとなると、その場ですぐに対応をしなくてはいけません。木片を飲んだならば、のどに引っ掛かっている可能性があります（【その他の異常と手入れ】問89参照）。しかし、木片ほど尖ったところのない石の場合、のどや食道にひっかかることなく胃まで到達するケースが少なくありません。こうなると、その場ですぐに病院に連れて行き、取り出してもらわなければいけません。放置しておくと、胃炎や腸閉塞などの病気を引き起こす可能性が高いからです。

## 生活習慣

### Q 040 日本犬と洋犬では、どちらが飼いやすいのですか。

**A** 主な特徴を比較してみましょう。日本犬は、忠誠心に優れた性格、粗食にも耐えうる剛健な体質を持っています。一方の洋犬は、上記した日本犬の性格と体質に加えて、活発で陽気な性格までも兼ね備えています。外見の違いとしては、洋犬のほうがさまざまな品種改良が行われているだけあって種類が豊富です。さて、ここで飼い主となる人間が注目すべき点は、問にあるような「どちらが飼いやすいか」ということよりも、「飼い主となる自分がどちらの性格を好むか」という点だと思います。つまり、イヌの性格だけでなく、飼い主となる自分の性格も自己分析して、両者の相性を重視すべきなのです。ちなみに、イヌの性格はそれまでに育ってきた環境にも影響を受けています。この点にも注意して、イヌとの長い付き合いを続けていきましょう。

## Q 041 代表的な日本犬の、一般的な犬種別性格を教えてください。

**A** ●柴犬：素朴で大胆、飼い主に忠実な性格。敏捷で感情の読みも速く、主人以外に支配されることを嫌います。●秋田犬：主人には温和で忠実。感情を内に秘め、束縛を嫌う。何事にも敏感。欲望が強い。●その他の中型日本犬：主人に忠実。記憶力・判断力などに優れている。勇敢で警戒心の強い性格。●スピッツ：主人にのみ忠実。利口だが神経質。鋭敏。

## Q 042 代表的な洋犬の、一般的な犬種別性格を教えてください。

**A** ●ゴールデンレトリーバー：誰にでも友好的で協調性に富む反面、警戒心に欠ける。従順で温和。●ヨークシャーテリア：自己主張が強く、神経過敏。活動的で知的な甘えん坊。●プードル：理知的で、主人と親密な関係を作りたがる。陽気だが、気弱な面も。●マルチーズ：知的で人なつこく、社会性に富む。誠実。陽気で快活な性格。●ダックスフンド：利口で明朗活発、好奇心旺盛な性格。少し気性の激しい面も。体臭が薄い。●シー・ズー：明るく活発。無駄吠えは少ない。プライドは高め。

## Q 043 イヌの体のさまざま部位の中で、叩いたりしないほうがいい弱点のような場所、急所はあるのでしょうか。

**A** 人間や他のイヌに対して怒っているイヌを見ればわかりますが、闘っている最中のイヌは、相手に決して後ろをとられないようにしています。これは、イヌの体の後方に急所があるからです。人間同様、局部はイヌにとっても急所です。また、しっぽの付け根から下の大腿部や下腿部、お腹周辺の下腹部もウィークポイントとしてあげられるでしょう。こうした部位をむやみやたらに叩かないようにしましょう。

## Q 044 イヌの年齢を人間に換算する方法はありませんか。

**A** 最も簡単と思われる計算法をご紹介しましょう。まず、イヌの1歳を人間の18歳、イヌの2歳を人間の24歳と覚えておき、その後は1年ごとに4.5歳ずつ加えていくという方法です。ですから、たとえばイヌの3歳は28.5歳、4歳は33歳、10歳は60歳となります。ちなみに、イヌが1歳になる前では、生後20日で人間の1歳、60日で3歳、100日で5歳、300日で15歳ということになります。

## Q 045 イヌにも血液型はあるのですか。

**A** イヌには9種類の血液型があります。次の定期検診のときにでも、医師から飼いイヌの血液型を教えてもらうといいでしょう。というのは、交通事故などで出血が激しいとき、輸血が必要となるかもしれないからです。万が一、そのような事態が訪れたときには、事故現場から病院に向かう途中に飼いイヌの血液型を思い出し、医師に伝えるようにしましょう。血液型の判定にかかる約10分という時間も、緊急時には無駄にはできません。

## Q 046 「イヌには色がわからない」というのは本当ですか。

**A** 本当です。色を感じる細胞（錐状体）が網膜の中にないことが、解剖学的に証明されています。さらにいえば、視界は広いのですが、人間でいうところの近視です。すぐ近くに置いてあるものに対して、イヌがわざわざ周辺のにおいをかぎながら向かって行く——。イヌ好きの人ならば、イヌのこんな姿を一度ぐらい目のあたりにしていることでしょう。ただし、もともとは夜行性の動物であったため、暗闇の中でも自由に行動できます。

## Q 047 仕事で今アメリカにいる親戚の話ですが、ヨーロッパに住んでいたときと比べ、飼いイヌがテレビを見なくなったといいます。以前は好んでテレビの前にいたので、とても心配しているようです。

**A** それは、イヌの具合が悪いわけではありません。テレビ映像の送信方法が、ヨーロッパと北アメリカでは異なることに原因があるのです。ヨーロッパのものと比べて、アメリカでの映像送信方式が遅いので、イヌの目には映像として捉えられず、テレビ画面には点しか見えないのです。これではテレビを見ていてもつまらないでしょう。イヌがテレビを見なくなるのも自然なことではないでしょうか。

## Q 048 「イヌは鼻がよくきく」といいますが、どれほど凄いのですか。

**A** 嗅覚は、イヌのもっている感覚器の中で最も発達しています。一般的な臭いに対しては、人間の鼻と比較すると、約100万倍の能力があると考えられています。飼い主の体の不調による体臭の変化を嗅ぎ分けた、という話もあるほどです。これは、鼻の粘膜（嗅粘膜）にあって臭いを感じ取る細胞（嗅細胞）の数がとても多いことと、脳の中で臭いを判断する領域（嗅覚野）が広いおかげです。また、さらにいえば、シェパードなどの口吻《こうふん》の長い犬種のほうが、ブルドッグなど口吻の短い犬種よりも優れた嗅覚をもっているともいわれています。

## Q 049 普段、イヌの鼻がぬれているのはなぜなのでしょうか。

**A** 嗅覚の働きを助けて、よりしっかりと臭いを感じ取れるようにするためです。そもそも臭いとは、空気中につぶつぶ状態で漂うごく小さな分子です。この分子をしっかりとつかまえるためには、ぬれている状態が好都合なのです。わかりやすい例を出しましょう。あなたが、素手で砂を触るときを想像してください。ぬれた手で触ると大量の砂がくっつく一方、乾いた手にはほとんど砂はくっつきません。この例では、手が臭いを感じ取る細胞（嗅細胞）に当たり、砂が臭いのもとである小さな分子に当たります。ですから、睡眠中や体調が悪くて鼻が乾いているときのイヌは、鋭い嗅覚が能力を存分に発揮できない状態にあるといえます。

## Q 050 耳の付け根からはちゃんと立っているのに、途中から先端のほうが下向きに垂れた耳をしているイヌがいます。あの耳を、付け根から先端までピンと立たせることはできますか。

**A** そんなことを考える必要はありません。その耳の形は、もともとそうした形である、半直立耳という耳のタイプなのです。イヌの耳は、そのほかに7種類ほどのタイプがあります。①立ち耳：ピンと直立した耳。②垂れ耳：ダラリと下向きに垂れた耳。③かんざし耳：耳の先が左右に傾いてそっぽを向いている耳。④コウモリ耳：コウモリが羽根を広げたときのように、幅が広くて立った耳。⑤笹耳：笹の葉を半分に折って下向きに付けたような耳。⑥ボタン耳：頭の前方に向かってちょこんと垂れた耳。⑦ローズ耳：折りたたんだようになっていたり、後方に向かっている耳。

## Q 051 立ち耳のイヌと垂れ耳のイヌとでは、聴力に差があるのでしょうか。

**A** 立ち耳ならば、音はスムーズに耳に入るうえ、音のする方向に耳の向きを動かすこともできます。ですから、見た目からも想像がつく通り、垂れ耳のイヌよりも立ち耳のイヌのほうが、優れた聴覚をもっています。ただし、耳の中の構造は、立ち耳のイヌでも垂れ耳のイヌでもいっしょです。また、人間と比較すると、4〜10倍の聴力をもっているといわれています。これは、人間には聞こえない周波数の音も、イヌには聞こえているからなのです。

## Q 052 イヌの賢さは、どの程度のものなのでしょうか。

**A** あらゆる動物の知能を比較すると、イヌは、人間、サルに次いで発達した知能をもっているといわれます。そしてその知能は、人間に当てはめるならば、3〜5歳児程度だともいわれています。もちろん個体差や飼い主の教え方にもよりますが、たいていのイヌが優れている能力は、記憶力や対応能力、順応性です。そして、そうした能力を、飼い主の訓練によって発揮していくのです。

## Q 053 イヌは昔から人間のために働いているようですが、どのような犬種がどのような仕事をしているのですか。

**A** 例をいくつかあげてみます。①警察犬：鋭い嗅覚で犯人を追跡します。主にシェパードやドーベルマンが活躍。そのほか、ボクサー、ラブラドール・レトリーバー、エアデール・テリア、ロットワイラー、ブラッドハウンドなど。②麻薬捜査犬：主に空港で、税関をくぐろうとする麻薬を鋭い嗅覚で見つけ、捜査員に知らせます。主にシェパードやラブラドール・レトリーバーが活躍。③盲導犬：第一次世界大戦後、戦争によって失明した軍人のためにドイツで考案。ラブラドール・レトリーバーやシェパード。④猟犬：主に獣を追う獣猟犬と鳥を主に追う鳥猟犬がいます。獣猟犬はハウンド種が一般的で、テリア種も小型の獲物用に適しています。

鳥猟犬は、ポインター、セッター、レトリーバーの3種。ポインターは獲物を発見してポイント（指示）し、セッターは獲物を追い出して動きをセット（封じ）します。レトリーバーは撃ち落とされた獲物を捉えて運ぶ働きをします。⑤軍用犬：イヌは古代から人間の戦争に付き合わされてきました。近代の戦争では、第一次大戦のドイツ軍などで、主にドーベルマン、シェパード、ボクサー、エアデール・テリアなどが使われました。このように、人間の目的を助けるため、今までに多くのイヌが活躍しているのです。



## Q 054 眠っているときに吠えることがあります。病気があるのでしょうか。

**A** 1日のうちでイヌの寝ている時間は、一見すると長いようにみえます。しかし実際は、熟睡している時間はかなり短いのです。つまり、横たわっている時間のうちの大部分は、仮眠状態です。この仮眠状態のときに、低い声で吠えることがたまにあります。この理由として現在考えられているのは、イヌが人間と同様に夢をみるからだといわれています。ですから、病気の心配は必要ありません。

## Q 055 たまにたれているヨダレは、放っておいてもかまいませんか。

**A** もともと暑さが苦手なイヌが、暑い日にヨダレをたらすのは仕方ありません。ただ、特に長毛種ならば、ヨダレでぬれた毛にはゴミやホコリ、細菌などがつきやすくなります。そしてそのまま放っておけば、口周辺の毛の色が変わってしまったり、湿疹が出たりする可能性があります。それが嫌ならば、ぬるま湯でぬらしたガーゼなどでヨダレをきれいに拭き取り、ドライヤーなどで乾燥させましょう。

## Q 056 イヌが片足を上げてオシッコをするのは、なぜなのでしょうか。

**A** はっきりしたことはわかりませんが、こんな説があります。片足を上げてオシッコをすると、電柱や塀の上のほうに自分のオシッコの臭いをつけることができます。つまり、ほかのイヌが通りかかってこのオシッコの臭いをかぐときに、「この縄張りにはこれほど大きいイヌがいるんだぞ」と相手に示すことができるわけです。片足を上げてオシッコをすることで、自分を精一杯大きくみせて、アピールしようとする意識が働いているのでしょう。

## Q 057 自分のしっぽを追ってクルクルと走り回るのは、病気と関係があるのでしょうか。

**A** まず、ブラッシングやシャワーなどでイヌの体を清潔にしてあげます。これは、イヌがかゆい部分をかいているうちに、何かの拍子でしっぽに気がいってこの行動をすることがあるからです。体を清潔にしてもやめない場合は、強迫性異常症という心の病が疑われます。活動的な性格・能力をもつイヌが、以前は飼い主と毎日していた散歩や運動が突然できなくなってストレスを感じるようになり、さらに何らかの大きなストレスも重なって、こうした意味不明の行動をするといわれています。心理学的に「強迫神経症」と診断されるケースもあり、抗うつ剤の投与などによって、治療できるようになりました。飼い主は自分の責任を感じてイヌとのコミュニケーションを増やし、ストレスをためさせないように常に注意しなければなりません。



## Q 058 先日、曲がりくねったような形をした短いしっぽのイヌを見ました。そんな種類のしっぽがあったのですか。

**A** それは、スクリュー尾とよばれる種類のしっぽです。その他にも、9種類ほどのしっぽが知られています。①鎌尾：上向きで、途中から鎌状に曲がっている尾。②差し尾：上向きで、前方に向かってやや低く保たれている尾。③輪状尾：上向きで、円を描くように巻いている尾。④巻き尾：おしりから背中の上にかけて巻きあがっている尾。⑤リス尾：リスのような形をした尾。⑥サーベ

ル尾：下向きで先細りの尾。⑦クランク尾：下向きで先端が上にあがっている尾。⑧ゲイ・テイル：付け根から直立している短かめの尾。⑨ボブ・テイル：生まれつき尾がなかったり、非常に短い尾。

## Q 059 うちのイヌは、ケージのなかでグルグルと回っていることがあります。なぜなのでしょうか。

**A** イヌの祖先であるオオカミは、草を踏みならして生活スペースをつくろうとする習性があります。この習性の名残りでしょう。同じようにオオカミの習性の名残りとしてよく見られる行動としては、穴掘りがあります。ほかの動物にエサを奪われないように、穴を掘って隠すというわけです。

## Q 060 うちのイヌは、おならをよくします。させなくする方法はありますか。

**A** 人間と同様、イヌもおならをします。特に、でんぷん質や繊維質を多くとっていると、おならがよく出るようになります。そこで、エサに含まれるでんぷん質や繊維質の量を減らして動物性のタンパク質を増やすと、いくらかおならが少なくなるはずです。

## Q 061 うちのイヌは人間には愛想がいいのに、ほかの犬を見ると拒絶してワンワン吠えまくります。一体どういうことなのでしょうか。

**A** あなたのイヌは、子イヌのときに家族の一員になったと思います。それも、生後8週〜12週の間だったのではないでしょうか。ところがこの時期は、子イヌがイヌ社会のマナーを母イヌや

周りの環境から学ぶべき期間なのです。中でも重要なのがほかのイヌとの接し方です。この大事な時期に、問にある子イヌはイヌ同士のコミュニケーションを経験することなく、人間社会に入り込んでしまったわけです。すると当然、人間との接し方は上手になりますが、ほかのイヌとは上手に接することができないイヌになってしまいます。本来は、たとえ生後3カ月を過ぎて予防接種が完全に済んでいなくても、ほかの健康なイヌと接触させたほうがよいのです。これからは、動物病院を通して行われている"子イヌたちの勉強会"のような催しに参加してみるのも、改善へのひとつの手です。

## Q 062 雌イヌなのにマーキングの行為をしています。うちのイヌは異常なのでしょうか。

**A** おそらく、その雌イヌは発情期なのだと思います。マーキングの行為で雄イヌを誘っているのです。この期間はイヌがたびたび興奮するので、庭のフェンスを飛び越えようとするなど、飼い主が想像できない行動をするイヌも少なくないようです。子イヌを生ませる気がなくてこうした行為に悩んでいるならば、やはり不妊手術をするのがいいと思います。

## Q 063 雌イヌだけ、毛が病気とは関係なく抜ける時期があると聞いたことがあります。本当でしょうか。

**A** 本当です。雌イヌの発情期が終わってから2カ月ほど後に、ホルモン変化の影響によって起こる脱毛があります。特にコリーなどの長毛種に多くみられるこの現象は、換毛期とは関係なく現れます。しかし、雌イヌの正常な新陳代謝の一種ですから、病気の心配はありません。しかし、もしもイヌがとてもかゆがったり、地肌がいつもより赤かったりしたら、医師にみてもらうのが賢明です。

## Q 064 うちのイヌは、数年前までは私にすごくじゃれついてきたのですが、最近はそうした行動がぱったりと止んでしまいました。なぜなのでしょうか。

**A** 人間と同様、イヌも子どもの頃は元気にはしゃぎ回り、大人になったら落ち着いてきます。しかも、イヌは人間よりも早く年をとっていきます。ですから、それほど心配することはありません。ただし、そのほかの行動や体のどこかに異常があるとなると、話は別です。病気が原因でじゃれつく元気がなくなっていることも

考えられますから、そのほかの異常な点がないかよく観察するようにしてあげましょう。

## Q 065 うちの4匹の子イヌが母イヌのおっぱいを吸う姿を見て、気付いたことがあります。それぞれの子イヌによって、吸いつくおっぱいの位置が決まっているようなのです。こんなことってあるのでしょうか。

**A** じゅうぶんにあり得ます。子イヌ同士の間で、順位階級の争いがすでに始まっているとも解釈されます。そして、さらによく観察してみれば、興味深いことに気付くはずです。おそらく、いちばん強い子イヌが母イヌのしっぽに近いところの乳首ばかりを吸っているはずです。これは、後ろのほうにある乳首からは、前の方にある乳首からよりも多くのミルクが出る可能性があるからなのです。こうして、吸いつくおっぱいの位置は体力のある子イヌが占有していることが多いのです。

## Q 066 サイレンの音が聞こえてくると、うちのイヌは急に吠え出します。雷がなったときにも同じような行動をします。やめさせることは可能でしょうか。

**A** サイレンの音に対して反応するのは、ほかのイヌの遠吠えと間違えていることがあるようです。ですから、サイレンが鳴り止んでまもなく、イヌが吠えるのもおさまるはずです。また、雷などの大きな音が急に聞こえてくる場合には、恐怖心から吠えていることが考えられます。雷の音を録音し、ボリュームを小さくしたレベルから徐々に聞かせて、恐怖心を取り除く方法があります。いずれにしても、イヌの態度が変わるからといって、あまりに構い過ぎるのは考えものです。「大きい音が鳴って吠えると構ってもらえる」「吠えることはいいことなんだ」とイヌが勘違いしてしまう可能性があるからです。

## Q 067 イヌも年をとるとボケることがあると聞きました。ボケたらどんな症状が出るのですか。また、どんなケアをすればいいですか。

**A** 高齢犬のボケ（痴呆症）については、次のような症状が現れたら要注意です。今まではできていたトイレでの排泄ができなくなる。夜にうろうろと徘徊し、昼間は眠っている。同じ場所（コース）を同じ方向でぐるぐると歩き回る。食欲が異常にあり、実際にたくさん食べても太ったり下痢にならない。長い時間、大声で単調に鳴き続ける。狭い場所に入って自分で出られず、助けを求めて鳴く。いずれも、人間の場合とかなり似たところがあると思います。こうした症状が出たら、イヌとのスキンシップの時間を今まで以上にふやし、イヌが不意のケガを負わないように、生活範囲での段差や障害物をなくしてあげます。そのうえで、個別の症状に対応

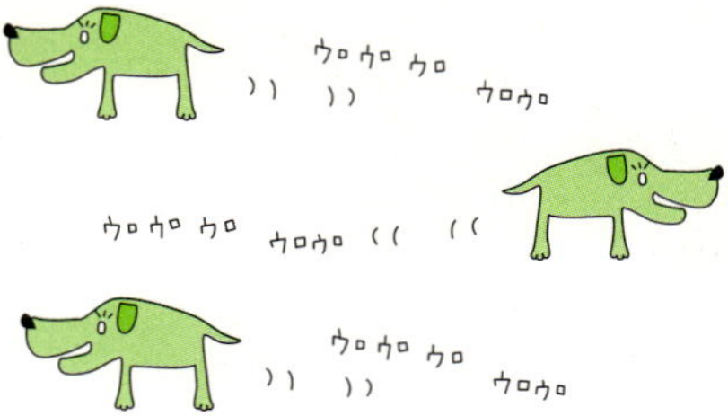


した世話をさらにしてあげましょう（注）。

## Q 068 一般的に、イヌは飼い主に対して忠誠心が強いといわれていますが、なぜなのでしょうか。

**A** 有名な忠犬ハチ公の例を出すまでもなく、確かにイヌはほかの動物よりも忠誠心が強いといえます。その理由としては、野生時代から残っている習性が、飼い主に対しての忠誠心となって現れているからだといわれています。「群れ」で生活していた野生時代には、たとえばリーダーや群れ全体にとっての敵が出現すれば、その群れを構成するすべてのイヌが団結して敵に対抗していました。現在のイヌにとっては、この「群れ」を形成しているのが同じ家に生活している家族と自分だという意識があるはずですから、人間のいうところの「忠誠心が強い」行動に出ていると考えられます。

**067注** トイレができなければ、人間用のオムツを使うのがおすすめ。また、小さめのTシャツをお尻のほうから着させ、袖から足を、襟から尻尾を出して使ってもいいでしょう。歩き回る場合には、サークルなら大きいものに、鎖なら長いものに換えたり、イヌが入りたがるような狭い場所をつくらない。このような工夫をしてあげましょう。困ったならば、かかりつけの医師に相談するのがいちばんです。

# しつけ

## Q 069 しつけやトレーニングの覚えをよくするためのコツはありますか。

**A** どんなしつけを行うにしても、最初から完璧にできるイヌなどいるわけがありません。また、物覚えの悪いイヌも当然います。このことを忘れて飼い主が感情的になって叱り続けると、イヌはしつけを苦痛と思ってしまいます。こうなると、いい結果は待っていません。イヌが少しでも進歩したところを見つけてあげて、ほめながら教えていくのが効果的です。基本的に、ほめるときにはおおげさに喜んでみせましょう。

## Q 070 しつけの訓練をしていると、すぐに飽きてしまいます。イヌの集中力が持続するのはどのくらいの時間なのでしょうか。

**A** イヌのしつけは、長時間ダラダラと行うよりも、短時間に集中させて行うようにしましょう。子イヌの頃の1回の訓練時間は、5〜10分を目安とします。イヌが成長して訓練に慣れれば時間を延長しても構いませんが、イヌの集中力を保つには30分以内におさめるのがいいでしょう。また、しつけの内容をなるべく早く覚えさせたい場合にも、長時間ダラダラと訓練を続けるよりも、上に記したような短い時間内で集中させるべきです。ですから、1日に2回、朝と夜に短時間の集中的な訓練をするのが賢明だと思います。

30min, 2times 1day!

## Q 071 うちのイヌは、しつけやトレーニングの際に叱ると、すぐにシュンとなっておじけづいてしまいます。どうすればいいのでしょうか。

**A** あなたの飼いイヌは軟性犬なのでしょう。軟性犬は、感受性がやわらかいために強い刺激に負けやすく、強制されたときの嫌な気持ちを長く持ち続けてしまうようです。ですから、しつけの訓練が遅々として進まないといっても、無理なトレーニングを行ってはいけません。叱ることよりもほめることを上手に使って、ゆっくり根気強くしつけていきましょう。ちなみに、軟性犬とは反対

の性質を持つ硬性犬は、頑固な性格の持ち主でもあるために、叱られたり強制を受けても気分転換が上手なようです。

## Q 072 しつけやトレーニングを行う際のタブーがあれば教えてください。

**A** 基本的には、人間の子どもをしつけるときのことを考えればいいでしょう。ヒステリックになって、暴力をふるったり力づくで従わせようとしたりしていると、イヌはおびえてしまいます。また、飼い主のその日の気分・気まぐれで対応が変わったりしても、イヌはどうしたらいいのか混乱してしまいます。こうした態度をとっていると、できるものもできなくなってしまいます。

## Q 073 叱るときのコツはあるのでしょうか。また、叱るのに最も効果的なタイミングなどはあるのでしょうか。

**A** イヌを叱るときの最大のコツは、叱るタイミングだといえます。何の行為に対して飼い主が叱っているのかをイヌが理解できるのは、イヌがその行為をしてから5秒以内といわれています。

ですから、「してはいけない行為」をした1分後に、飼い主がどなったり体罰を加えても、イヌはなぜそうされているかの意味をほとんど理解できません。叱るならば、イヌが「してはいけない行為」をしている最中に叱るべきです。また、長い時間説教をするのも、イヌにとっては意味がありません。



## Q 074 しつけは、1つのことを覚えてから次の内容を教えるのがいいのでしょうか。それとも、いくつかの内容を同時並行して教えてもいいのでしょうか。

**A** イヌだって、1つのことばかり教えられていると飽きてしまいます。そして、完全に覚えるまでに時間がかかってしまうのです。ですから、3つほどの内容を並行して行い、変化をつけながら教えるのがいいでしょう。簡単なものから始め、徐々に訓練内容のレベルアップをしていくべきであることは、いうまでもありません。

## Q 075 友人から、「しつけの訓練は子どもにはやらせないほうがいい」と聞きました。本当でしょうか。

A 確かに、なるべくは子どもにやらせないほうがいいでしょう。そもそも「群れ」で生活していた野生時代の習性が残るイヌは、現在でも同じ家に生活している家族と自分を「群れ」に見立てています。そしてその「群れ」の中で、“子どもは自分よりも順位階級が上の存在だ”などとみなしているイヌは、ごく少数だと考えられます。それよりもむしろ、“子どもなんて自分より順位階級が下だ”と思っているイヌのほうが多いでしょう。ですから、子どもがしつけを行ったとしても、訓練がうまくいかないだけではなく、ときには子どもに対して攻撃的になることもじゅうぶんにあり得るのです。そこでたいていの家庭では、イヌがリーダーと認めている場合が多い、父親がしつけの訓練を行うのがいいでしょう。

## Q 076 人間の子どものように、イヌにも反抗期はあるのでしょうか。

A 本来、イヌは主従関係をとても大切にする動物です。たとえ、イヌ同士の間のことであれ、イヌと人間との間のことであれ、主従関係さえできていれば、反抗期と呼べるものはないと考えられます。ただ一時的に、イヌの機嫌が悪かったり集中力が途切れているときなどは、普段できている命令を聞かないときもあります。

## Q 077 生後3カ月の子イヌを室内で飼い始める予定ですが、すぐにトイレのしつけをするべきでしょうか。

A トイレのしつけは、家に来たその日からできるだけ始めましょう。子イヌが排泄したがるのは、たいてい食事の後か目覚

めの直後です。そのほかにも、ぐるぐる回るなど落ち着きがなくなる、床のにおいを嗅ぎ回る、お尻を落とすような仕種をするなどが、トイレのサインと覚えておきましょう。そして、そのサインを見逃さずに、すぐにトイレのある場所に連れて行きます。排泄直後には、じゅうぶんになでてほめましょう。もし間に合わずに目の前でやられた場合には、そこですぐに「ダメ・イケナイ」と叱りましょう。また、見ていないところで排泄していた場合には、いまさら叱っても無駄（問73参照）ですからあきらめます。糞や尿の片付けをして、その場所に臭いが残らないように消臭剤を必ずかけておきましょう。

## Q 078 子イヌを飼い始めたのですが、なでようと手を近付けるとかみついたり逃げ回ったりします。どうすればおとなしくさせられるでしょうか。

**A** このイヌは人間を恐れています。ですから、決して叩いたりすることなく優しく接して、人間への恐怖心を取り除いてあげなければなりません。こうしたイヌと接するとき、飼い主はイヌの目線までゆっくりとしゃがんであげましょう。そして声をかけながら、体に触る機会を粘り強くうかがいましょう。ただし、しばらくの間は、しっぽやお尻などといったイヌの嫌がりやすい部位ではなく、あごから胸にかけての部位に触れるようにしましょう。かまれてしまう場合に備えて、手袋をしても構いません。また、急な動作はイヌを驚かせる可能性がありますから、ゆっくりと行動するようにおすすめします。

## Q 079 おとなになっているのに、いくら叱ってもトイレを覚えてくれません。よく聞く方法は今までにほとんど試しました。室内の放し飼いでも床で排尿しないようにするには、どうすればいいのでしょうか。

**A** 今までの叱りかたが適切ではなかったのでしょう。叱るならば、イヌが「してはいけない行為」をしている最中に叱るべきです。ただしトイレのしつけの場合、たとえ排尿している最中に叱ったとしても、排尿している場所がいけないのか、排尿していること自体がいけないのか、イヌには区別がつきにくいでしょう。そこでこれからは、粗相をした場所で食事を与え、そこに食器を置くようにしてみてください。食事をする場所を汚くしたくないというイヌの本能を利用するのです。もちろん、トイレできちんと排尿したときには、ほめることを忘れずに。今までにさまざまな方法を試

した方も、だまされたと思ってこの方法を2カ月ほど続けてみてください。

## Q080 室内で飼う場合、トイレを置くのにふさわしい場所などはありますか。

**A** 問79の答にあるように、食事をしたり眠ったりする場所を、イヌは汚くしたいと思いません。ですから、生活の中心的スペースには置かないほうがいいでしょう。また、子イヌが落ち着いて用を足すためには、あまり人目につかない場所を選びます。おすすめは、脱衣所や廊下の隅などです。

## Q081 イヌがトイレを覚えた後、そのトイレの場所を移動してはいけないのですか。居間からおふろ場に移したいのです。

**A** いけないことはありませんが、突然今までと違う場所にトイレを移してしまうと、ほとんどのイヌは混乱してしまうでしょう。ですから、少しずつ移動するようにしましょう。10〜20cmほど動かしたら、その新しい場所で今まで通りにトイレができるか確認します。トイレの移動とオシッコの確認を繰り返しながら、少し時間をかけていくのがいいようです。

## Q082 マーキングの行為（オシッコによる匂いづけの行為）は、去勢したらなくなるのですか。

**A** 個体差があるので完全になくなるとはいえませんが、効果はかなり期待できます。本来は、縄張りを主張して守るという、雄イヌ特有の行動です。しかし、現代のイヌたちのマーキング行動は、縄張り主張の意味がうすれ、「ここを通過したよ」ぐらいのコミュニケーションの手段になっているようです。

### Q083 一時はちゃんとトイレを覚えたのに、最近になってできなくなってしまいました。どうすれば元に戻るでしょうか。

**A** 一度覚えたトイレを失敗するケースの原因は、主に以下の4つが考えられます。①トイレの場所やトレーの素材を急に替えたこと。②膀胱炎や尿路結石など泌尿器系の病気。③イヌが高齢になったことで始まったボケ（認知症）の症状。④飼い主の気をひくための意図的な行動。①の原因については、まず問81の答を参考にしてください。また、トイレトレーの素材は、あまり替えないことをおすすめします。場所の変更と同様、プラスチックからステンレスなどへ素材を替えることも、イヌにとっては混乱の原因となり

ます。どうしても替えたい場合は、飼いイヌのおしっこの臭いをつけておきましょう。②については、おしっこ自体の変化・異常がないか確認して、この本の【肛門・排泄物の異常と手入れ】の項目を参照してください。同じく③の原因についても、【生活習慣】の項目の問67を参照してください。④については、時間をかけて飼い主とイヌとの関係を改善し、新しい場所でトイレのしつけを行うのもいいでしょう。飼い主が過剰に叱ったりかわいがったりしても、イヌには構ってもらえたと思われるだけです。

## Q 084 散歩中に排便・排尿させたいのですが、覚えさせる方法はありますか。

**A** すすめられるのは、以下の2つの方法ぐらいです。ひとつは、仕事や用事のない日にイヌと丸一日外出し、排便や排尿をするたびに、おおげさなくらいにほめる方法。こうした外出を何回も繰り返します。次に、イヌの排便リズムを調べ、いつも用を足すぐらいの時刻に散歩に出かける方法。やはり、散歩中に便をしたときは、おおげさなくらいにほめましょう。排便や排尿は生理的なものが関わってきますから、叱ってまで覚えさせるのは少しかわいそうです。

## Q 085 うちの雄イヌは、人間に対して局部を見せるような仕種をするので困っています。どうすればいいのでしょうか。

**A** たいていは、感情的に成熟すると、この行動はなくなっていきます。飼いイヌの場合、感情的に成熟する前に、性的に成熟してしまう傾向があるのです。今まではおしっこをするだけの用途しかなかったものに、別の使い道があると何となく気づき、しかし一方で学習不足のためにそれが何なのかわからずに実験しているのです。普通は発情期の雌の臭いを嗅いだり、雌の姿を見て興奮しますが、ときとして人間を代わりの刺激としてみてしまいます。また、人間が触ったりなでたりする行為が、イヌにとっては性的前戯として受け止めてしまう場合もあるのです。

## Q 086 ちょっと長い時間なでていたり、ブラッシングしていると、突然かみつくことがあります。どうすればいいでしょうか。

**A** このイヌは、家族の中で自分がいちばん偉いと思っています。なでられたりブラシをかける時間は、リーダーである自分が決めると考えているのです。こうした状況は権勢症候群といわれ、近年問題となっています。そんなイヌの態度を改めるには、人間がリーダーであることをわからせる方法を行います。まず、食事を与えることとトイレに出してやることを除き、約2週間は家族全員が

イヌを完全に無視します。イヌが構ってほしい態度をとっても無視を続けます。散歩も中断します。約2週間後、散歩を再開します。ただし、散歩に連れ出したり食事を与える際は、オスワリやフセ、オテやオカワリなど必ず何かを命令してから行うようにします（この散歩や食事の方法は、以降ずっと続けます）。それ以外でイヌがすり寄って来たら、オスワリやフセを命令して、これができたら短時間なでてやります。こうした生活をさらに1〜2週間継続すると、問にある問題行動はかなり改善されるはずです。

## Q 087 人間の足にまとわりついて、交尾のときのように腰を振ります。叱ってもいいでしょうか。

A 叱るよりも、その行為をしたらすぐに無視するのがいちばんです。騒いだりすれば、イヌは喜んでもらえたと理解して、同じ行為をすぐに繰り返すでしょう。飼い主があまり構っていない場合には、気をひこうとしてこの行為をすることもあり、支配性の行動でもあります。

## Q 088 お客さんが家に来ると、その人に向かってよく吠えます。この吠え癖は直るのでしょうか。

A 来客に吠える原因としては、自分の縄張りや家（家族）を守ろうとしているから、来客を喜んでいるから、権勢症候群（問86参照）などが考えられます。直すために、次のような方法を試してみましょう。①吠えた瞬間に「イケナイ」と叱り、やめればおやつを与えるなどしてほめる方法。②お客さんと飼い主が並んで、そのお客さんからおやつをあげてもらうように頼む方法。③お客さんの来る日が事前にわかっていれば、その日以前の数日間イヌに構わず、お客さんが来たときから、なでたりおやつをあげたりする方法、また、去勢していなければ手術をするのも1つの手です。

## Q 089 近所の人によると、イヌが家族の留守中によく吠えているようです。やめさせる方法はありませんか。

**A** まず平日に、家族が学校や会社へ外出する前と帰宅後の約20分間、誰もが一切イヌを構わないようにしましょう。家族の外出は当然のことだとイヌにわからせ、さらには、イヌに家族の外出への興味を失わせるためです。家にいる最後の人が外出する際には、玄関のブザーや電話の呼び出し音を切ります。また、イヌが退屈をしのぐためのオモチャを与えたり、ラジオの音を出したままにするのもいいでしょう。このとき、やはり外出直前の約20分間イヌに構わないため、オモチャなどを与えるのは外出の20分以上前ということになります。そして休日には、家族全員が一度に外出するふりをします。初めは、全員で外出して2〜3分で戻り、徐々に外に出

ている時間をのばしていきます。このような平日と休日のしつけを3〜4週間続けた頃には、効果が出てきているでしょう。

## Q 090 跳びつき癖が直りません。すぐにできる矯正法はありませんか。

**A** 以下の2つの方法を、家族の誰もが行うようにしましょう。①イヌが跳びついてきたときに前足をつかみ、驚いて降りようとするまでそのままにする。足が地面についたら軽くなでてほめる。②イヌが跳びつきそうになったら、ほかの部屋に行く。約5分で戻り、そこでイヌが跳ばなければ軽くなでてほめる。これで家族に対して跳びつかなくなったら、知人に頼んで①の方法を行います。それと並行して、散歩中に誰かに跳びつきそうになる度に首輪につけたリードを強く引くことを繰り返します。

## Q 091 妻の前ではおとなしいのですが、夫である私や子どもだけになると唸ったり咬もうとします。どうすればいいでしょうか。

**A** このイヌは奥さんだけをリーダーとして認めていて、ご主人や子どもは自分と同等の地位、あるいは自分より下の地位にあると考えています。こうしたイヌの考えを改める必要があります。まず、奥さんは普段の生活の中で一切イヌを構わないようにします。そして、散歩や食事の世話など、今まで奥さんがしていたことをご主人や子どもが行い、イヌの前では家族間のケンカをしないように心がけます。また、家族全員の前で、オスワリやフセなどの服従心を養う訓練を行うのもいいでしょう。去勢手術もイヌの攻撃的な面を抑えるのに有効でしょう。

**Q 092 うちのイヌは、部屋を出ようとする人間の足首にかみつくことがしばしばあります。お客様にこれをされると、飼い主のこちらは困ってしまいます。どうすれば止めさせられるでしょうか。**

**A** イヌのリーダー宣言、つまり権勢症候群のイヌに現れる行動のひとつです。たとえば人が大勢集まっている場合、自分がその集団のリーダーであるかのように思い込んでしまいます。そして、「勝手に部屋を出ようとするとはけしからん」という意味から、足首に咬みつくわけです。このことをてっとり早く防ぐには、そのような場に最初からイヌをいさせないようにするか、お客様が帰る少し前にその場からイヌを連れ出してしまいます。また、根本的に権勢症候群を治すためには、問86と同じ方法を実行してみてください。

**Q 093 うちのイヌは、エサを食べている最中に人が近づくと、吠えたてて威嚇します。やめさせるしつけ法はありますか。**

**A** このイヌは、自分が人間よりも上位にいると思っているはずです。というのも、上位のものが食べ終わってから下位のものがエサにありつける、というのがイヌ社会でのルールだからです。ここでイヌの誤解をわからせるために、しっかりとしつけを行っておくべきです。まず、食事の際には何も入っていないエサの容器を置き、「スワレ」をさせてから容器にエサを少し入れます。さらに、このエサをすぐには食べさせず、「マテ」をさせてから食べることを許します。この一連の動作を繰り返して、適正な量を与えるのです。問の状態のままにしておくと、食器をさげるときにかみつかれてしまうおそれがあります。根気が必要でしょうが、粘り強くしつけを行いましょう。

## Q 094 私のたいせつな靴やスリッパにかみついてボロボロにしてしまいます。やめさせる方法はありますか。

**A** 生後3〜5カ月の子イヌは、何でも口にして遊んだり確かめたりしています。ただし、おとなになって癖にならないように、早めにやめさせるのが得策です。「ダセ」とか「イケナイ」といって

叱り、替わりにイヌ用のゴム製おもちゃ・ガムなどを与えてあげましょう。おもちゃをかみ始めたら、軽くほめてあげましょう。留守中に特定の靴やスリッパだけをかんでいるならば、イヌが退屈で行っているイタズラです。まずは、その靴やスリッパを隠し、イヌ用おもちゃを与えておきます。また、あえて無視することも、ときには有効です。飼い主に注目してもらいたいために、かみついている場合もあるからです。

## Q 095 うちのイヌは、私の持っているタオルなどをみるとかみついてきて放しません。引っ張り合いの遊びはどんな意味があるのでしょうか。

**A** イヌが興奮してうなるほどであれば、タオルの引っ張り合いはやめたほうがいいでしょう。人間にとっては単なる綱引き遊びでも、イヌにとっては相手との上下関係を決める勝負の一種ととらえていることがあるからです。飼い主が力を入れれば入れるほど、イヌのほうも興奮してくるはずです。ですから、基本的にはこの種の行為はしないほうがいいのですが、もしせざるをえない場合

は飼い主は負けないように注意しましょう。ただし、イヌが飼い主をリーダーだと明らかに認識しているならば、ときにはこの遊びに少し付き合うのもいいでしょう。



## Q 096 ボールを投げて取ってきたときに「ヨシヨシ」とほめても、だいたいは口から放してくれません。どうすればいいのでしょう。

**A** 片手におやつを持って「ハナセ」といい、言う通りにした場合のみ、ごほうびとしておやつをあげます。これを繰り返し行いながら、少しずつおやつの回数を減らしていきます。イヌがボールを放さない場合は、ボール遊びを中断し、少しの間イヌに構わないようにします。できれば、イヌから見えないところに移動しましょう。3分ほどして、イヌのいる場所をみてボールを放していたら、先の要領でボール遊びを再開します。また、ボールそのものに興味を持たないイヌの場合は、ボールに肉汁をつけるなどの工夫をしてみるのも手です。

## Q 097 綱引き遊びはしつけの面であまりよくないようですが、飼い主もいっしょに楽しめるいい遊びはないのでしょうか。

**A** ボスとしての地位に興味のないイヌは別として、たいていは遊びといえども勝ちたがるイヌの性質を考えると、タオルなどを使った綱引き遊びはあまりすすめられません。理由は、問95に対する回答にある通りです。そこで、人間がコントロールする割合の多い遊びをしてみてはどうでしょう。たとえば、「宝探し」や「かくれんぼ」です。これらはいずれも、イヌの好奇心をじゅうぶんに満足させます。初めのうちは、飼い主が隠した物を探させる宝探しから始めましょう。イヌにとって慣れていない臭いのついた物を宝にして、その臭いをあらかじめ嗅がせておいて隠します。イヌが宝に近づいたら、「ヨーシ！　いいぞ！」などと声をかけてあげましょう。宝探しに慣れたら、かくれんぼにも挑戦です。飼い主が隠れてイヌに探してもらうのです。ちなみに、かくれんぼというゲームの方法は、雪山や災害時に行方不明者を探すイヌたちの訓練法と同じなのです。

## Q 098 「スワレ（オスワリ）」を教えようとしても、腰を落としません。しかも大型犬なので、私の力で腰を押しても座らせることができません。どうすればいいでしょうか。

**A** イヌの好物を手の中に握って、イヌの顔の前に近づけます。次に少しだけ食べさせ、手をイヌの頭のうえに近づけると自然に「座れ」の姿勢になるので、「スワレ」と声をかけエサを与えほめます。これをくり返すことで「スワレ」を自然に覚えます。

## Q 099 「マテ」と命令して離れると、うちのイヌはすぐに動いてしまいます。うまくしつけるポイントのようなものがあれば教えてください。

**A** イヌが動いてしまった場合は、必ず元の位置に戻ってからやり直すようにしましょう。また、離れてからイヌのところに戻るために振り返ったとき、すぐに呼んだり何か命令をしないようにしましょう。さらには、あなたが離れて戻ってくるまできちんと「マテ」ができた場合、イヌにその姿勢をとらせたままでほめるようにしましょう。

## Q 100 うちの子イヌは、しつけをよく覚えて特に問題行動はないのですが、ときどきお尻をこちらに向けます。反抗しているのでしょうか。

**A** おそらく、なでたときや食事を与えたときなどにお尻をに向けるのではないでしょうか。これは反抗とはまったく逆の行動で、服従の意思表示です。仰向けでおなかをみせるのと同じ意味の行動と考えてください。ですから、なでて喜ばせてあげましょう。

## Q 101 プロの訓練士にしつけや訓練をお願いする場合、費用はどれぐらいかかりますか。

**A** 訓練士によって費用は異なりますが、だいたいの目安は月8回ほどの訓練で3万円。また、訓練所に預け入れる場合は、食費などもかかりますから月6万円が目安です。もちろん、すべてを訓練士まかせにするのではなく、いっしょにイヌと勉強する姿勢がたいせつです。

# Q&A Part 2

# 犬との日常生活、その他全般について

日常生活／結婚・出産／避妊・去勢
グッズ・ショップ／旅行／制度

# 日常生活

## Q 001 私の周りの友人のほとんどは、室内でイヌを飼っています。その友人の1人から子イヌをもらう予定ですが、屋外で飼ってはいけないでしょうか。

**A** いけないことはありません。ただし、マルチーズやシー・ズー、ヨークシャー・テリア、ポメラニアンなどの愛玩犬ならば、室内で飼ってあげましょう。さらに、愛玩犬でなくても、飼い主がイヌのために考えるべきことがあります。屋外で飼うことになると、天候や騒音、カラスやノラネコをはじめとした他の動物など、環境面でストレスを受けやすくなる可能性があります。ノミやダニ、蚊やハチなどの虫に刺されやすいともいえます。また、飼い主の生活の場から離れているため、イヌの異常にすぐには気づきづらいことも考えられます。屋外で飼うと決めたならば、こうした点に対してじゅうぶんに注意を払ってあげる必要があります。

## Q 002 マルチーズやポメラニアンなどの小型犬でも、屋外でのじゅうぶんな運動が必要なのでしょうか。

**A** 小型犬にとっては、家の中でいっしょに遊んであげるだけでも運動になっています。もちろん、外で遊ぶのが好きな性格のイヌもいますが、基本的には屋外への連れ出しは気分転換のつもりで10分程度も歩かせればじゅうぶんです。チンやペキニーズなども同様に考えていいでしょう。

## Q 003 イヌにとって最も好ましいイヌ小屋を選ぶには、どんな点に注意すればいいですか。

**A** まず、イヌが中に完全に入り、不自由なくぐるっと回れるぐらいの大きさがいいでしょう。狭すぎても広すぎても、イヌにとっては落ち着きません。また、地面から床が浮いた構造のものは、梅雨期〜夏にかけて湿気がこもらないのでおすすめです。

## Q 004 なぜ、ケージや囲いなどイヌの行動を限定するものを用意しなければならないのですか。放し飼いに弊害でもあるのですか。

**A** 最初にイヌを家へ迎え入れるとき、あまり自由に放し過ぎると行動範囲を一気に広げてしまうことになります。飼い主もイヌも新しい生活に慣れていないところに、イヌが想像もつかない勝手な行動をとると、たいへん危険です。お風呂場へ勝手に行って、飼い主の気がつかない間に溺れてしまうこともあるのです。ですから最初に家に来たときに、まずはケージや囲いの中など狭い行動範囲からイヌを慣れさせ、徐々に生活圏を広げていくわけです。そうすれば我慢することも覚えますし、イヌが余計なエネルギーを使う必要もなく、安心して休息もとれるのです。

## Q 005 屋外でイヌをつないでおく鎖の長さは、どのくらいが適当なのでしょうか。

**A** 首輪から直接つなぐ鎖の長さは、1.5mほどあればじゅうぶんです。あまり長すぎてもからまったりして危険です。また、イヌは暑さ寒さに弱い動物ですので、その点を考えて工夫してあげる方法もあります。小屋から涼しい木陰や日なたぼっこできる場所までをある程度自由に行き来できるように、地面に打ちつけた2本の杭の間に鉄のロープをピンと張り、そのロープに首輪からの鎖をつないでやります。こうすれば、イヌは2本の杭の間の範囲を自由に行き来できます。ただし、こうした方法をとったとしても、イヌの行動範囲を長い時間制限するとストレスがたまるので、1日に1回は必ず散歩させてあげましょう。

## Q 006 雑種の捨てイヌを拾ってきました。そのまま飼ってもいいですか。

**A** 拾った雑種のイヌを飼うことは、純血種を飼う場合以上のじゅうぶんな自覚と納得が必要です。偶然出会ったときにかわいそうだから拾ってはみたものの、実際に飼い始めると飼い主の好みに合わないイヌだったり、意に添わないイヌであるかもしれないのです。それがわかったとたんに粗末な扱いになって、再び捨ててしまうようでは困ってしまいます。最後まで可愛がって家族のように付き合える自信がないならば、安易に飼わないほうが賢明です。ちなみに、イヌを捨てた場合は50万円以下の罰金が課せられることも知っておいてください。

## Q 007 今日、子イヌが我が家に来たのですが、キャンキャンと夜鳴きをします。放っておいてもいいのですか。

**A** こうした夜鳴きは、新しい環境への不安が薄まり始める2〜3日後から、次第におさまってきます。ただ、それまでに子イヌの不安を少しでも和らげたいならば、いろいろな方法をとってあげてもいいでしょう。たとえば、母イヌの臭いがついたものを寝床に置いたり、ラジオを小さな音でつけっぱなしにしておく。また、毛布・クッション・ぬいぐるみなど、柔らかくて温かいものを周りに置くのも、子イヌは仲間のイヌがいるように思って安心する場合があります。

## Q 008 2匹目が家に来たのですが、特別に注意することはありますか。

**A** イヌの体の大きさや年齢にかかわらず、前から飼っていた1匹目のほうのイヌを優先してあげましょう。食事やおやつを食べさせるとき、散歩で自宅から出るとき、オモチャを与えるとき、何かをお願いするために声をかけるときなど、すべて1匹目のほうから始めます。イヌの世界では先にいるほうがリーダーです。新しく来た2匹目ばかりかわいがると、1匹目がすねてしまいます。

## Q 009 2匹のイヌを飼うと、ケンカが起こることが多いと聞きます。そんな場面に出くわしたとき、飼い主はどう対処すればいいのですか。

**A** たとえばお客様の前などですぐに止めさせたい場合には、水をかけたり引きひもを引っ張るなどして引き離しましょう。

ケンカのときのイヌは興奮しているため、直接手を出すと大ケガにつながりかねません。また、ケンカの後の注意の仕方にも、飼い主の配慮が必要です。先に2匹のうちの下位のイヌ（負けたほうのイヌ）を別の部屋に連れて行き、「イケナイ」と叱ります。その後、さらに別の部屋に上位のイヌ（勝ったほうのイヌ）を連れて行って叱り、しばらくしたらこのイヌから元の部屋に戻します。その後、下位のイヌも元の部屋に戻していっしょにさせます。このように、どんなときでも上位のイヌを優先的に扱うように気をつけるようにしましょう。

## Q 010 8歳のイヌを飼っています。新しく生後3カ月の子イヌを連れてきて、いっしょに飼っても問題は起こらないでしょうか。

**A** ここまでの年齢差があれば8歳のイヌのほうが自然に上位になりますから、イヌ同士の上下関係の争いは起こらないでしょう。ただ、遊びざかりの子イヌの騒ぎように対して、8歳のイヌが嫌がって威嚇《いかく》することはあるかもしれません。しかし、子イヌが成長して成犬になったときには、上下関係の逆転が起こることがありますから、飼い主は注意するようにしましょう。

## Q 011 ほかの動物と共存させることはできますか。

**A** 生後3カ月以内の子イヌなら、まず間違いなくほかの動物と共存できます。おとなのイヌでも、徐々に時間をかけてゆっくりと環境に馴染ませてあげれば大丈夫です。ただ、ほかの動物よりも後からイヌが家族として加わる場合、イヌは飼い主や先住の動物に対して非常に気をつかい、ストレスを引き起こしてしまうことがよくあります。一度馴染《なじ》んでしまえば、バラエティーに富んだ楽しい生活になるでしょうから、イヌがその家での自分の立場や役割を理解して安心できるまで、根気強く丁寧に接してあげましょう。

### Q 012 まだ子どもですが、オーナーを転々としていたイヌが我が家に来ることになりました。ちゃんと、私を飼い主だと理解してくれるでしょうか。

**A** 環境の変化はどのような動物でもストレスを生んでしまいます。ましてや子イヌの場合、母イヌや兄弟イヌとの別れでかなり大きなショックとストレスを受けています。さらに、オーナーを転々とさせられていたら、ストレスからさまざまな病気を引き起こす可能性まであります。こうしたイヌの状態は“ニューオーナーシンドローム”といって、死に至ることもときにはある、とても危険な状態なのです。イヌに飼い主であることを理解させる前に、子イヌの心境を察してじゅうぶんに注意を払ってあげましょう。体の各部位に異常をみつけたり、食欲不振・下痢・嘔吐などの体調の異常がみられたら、すぐに病院へ連れて行き、医師に細かく状態を説明してください。

### Q 013 散歩の途中、自転車をこぐ人やキャッチボールをする人と遭遇すると、そうした人を追いかけようと躍起になり困ってしまいます。イヌの気をそらす方法はありますか？

**A** イヌの本能として、動くものを捕らえようとするハンター意識があります。この本能によって、追いかけるだけではなく、襲いかかったりかみついたりしては大変です。イヌが何かを追って走り出そうとしたら、イヌの向きと正反対の方向にオモチャなどを投げ、イヌの注意をそらしましょう。また、対象物が遠くへ通り過ぎるとたいていイヌは満足するので、イヌの鎖を短く引いて自転車が通り過ぎるのをじっと待ってみるのもいいでしょう。

## Q 014 散歩中にほかのイヌに吠えられるとおびえます。どうすればいいのでしょうか。

**A** こうしたときは、イヌの体をなでてあげながら優しく声をかけ、まずはイヌを安心させてあげましょう。その際、たとえほかのイヌが大型犬であっても、飼い主のあなたがオドオドしてはいけません。そして、ほかのイヌへの苦手意識を植えつけさせないため、その後も同じ道を散歩するようにし、おびえなくなれば大いにほめてあげましょう。また、公園などでおとなしいイヌの飼い主に協力してもらって、ほかのイヌに慣れる機会をつくるのもいい方法といえます。

## Q 015 いくら叱っても、散歩中に見つけたフンの上や動物の死体の上を転げ回ります。なぜでしょうか。

**A** 信じられないかも知れませんが、イヌはそういった臭いが好きなのです。人間がつける香水と同じと思ってもいいでしょう。野生時代のイヌは、微生物によって分解された動植物の臭いを

好んで身につけ、その臭いを楽しんでいました。それだけでなく、獲物に近づくときに臭いで感づかれないように、いわば変装と同じような行動といえるでしょう。こうした時代のなごりが、今も消え去っていないのです。

## Q016 5歳になる娘さんがいる親戚が、かむことの少ない犬種を飼いたいので教えてほしいといってきました。かまないイヌなんているのでしょうか。

**A** 最も重要なことは、かんでよいものと悪いものを教える「しつけ」をすることです。ただ、比較的かみ癖のないイヌがいないわけではありません。ゴールデン・レトリーバー、ラブラドール・レトリーバー、コリー、ニューファンドランド、ブラッドハウンド、ギャバリア・キング・チャールズ・スパニエルなどです。一方、かみ癖があるのは、ポメラニアンやテリア系、チャウチャウ、ミニチュア・シュナウザーなどの犬種です。

## Q017 室内やベランダ、庭など、私の家には草花がいろいろとあります。そこで、イヌが口にしたらいけない植物があれば、知っておきたいので教えてください。

**A** ほかの動物たちと同様、イヌは好奇心旺盛で、さまざまなものを口にしてしまいます。もちろん、植物も例外ではありません。そこで、次にあげる植物類は、イヌが近づけるところには置かないようにしましょう。アサガオの種、スイセンの球根、クロッカスの球根、アマリリスの球根、スズラン、フクジュソウ、レンゲツツジ、アセビ、ニセアカシア、ヒガンバナ、イチイ、シャクナゲ、ケシ、チョウセンアサガオ、ジャガイモの芽など。上記したものすべてとは限りませんが、これらはイヌにとって中毒の原因となりうるものです。よく注意してください。

## Q018 急に思いついたのですが、イヌのウンチは庭木の肥料になりますか。

**A** 肥料にはなりません。それどころか、強い酸性をもつイヌの便を根元に置くだけでも、小さい木なら枯らしてしまうことさえあります。ですから、散歩に連れ出した公園などでも、飼い主が必ずフンを始末するようにしましょう。マナーの面からいえば当然のことではありますが。

## Q 019 以前屋外で飼っていた大型犬が死んで数年たち、今度は屋内で小型か中型のイヌを飼おうと考えています。話しかけたり抱っこしたりしてかわいがるつもりです。どのような種類のイヌを選べばいいのでしょうか。

**A** 見た目がかわいい小型犬でも、人なつっこい性格のイヌばかりとは限らないので注意が必要です。一般的に、人間に対して従順でおとなしく人なつっこい性格のイヌとしては、次のような種類のイヌがいいと思います。ミニチュア・プードル、トイ・プードル、シー・ズー、ビジョン・フリーゼ、シェットランド・シープドッグなどです。もしも、性格重視で大型犬でも構わなければ、ゴールデン・レトリーバーやラブラドール・レトリーバーもおすすめです。逆に、自己主張が強いために避けたほうが無難なのは、ビーグル、チワワ、ポメラニアン、ヨークシャー・テリア、ホワイト・テリア、チャウチャウなどでしょう。

## Q 020 家屋が古くてネズミが出るので殺鼠剤を使いたいのですが、飼いイヌに害があるのでしょうか。

**A** 殺鼠剤の中には、ネズミをおびき寄せるために甘い味がする化学物質、ワルファリンが含まれています。この物質は、動物の体内でビタミンKを破壊し、血液の凝固能力を奪ってしまいます。こうした悪影響は、イヌが直接殺鼠剤を食べた場合にも、殺鼠剤を食べたネズミをイヌが食べた場合にも起こる可能性があります。ですから、殺鼠剤は使わないほうがいいでしょう。また、殺虫剤や除草剤なども中毒を引き起こす可能性がありますので、使用にはじゅうぶんな注意が必要です。

## Q 021 庭で飼っているのですが、夏に日陰をつくってあげるためにに木を植えようと考えています。どのような種類の木がいいでしょうか。

**A** まず、夏に日陰をつくり、冬には日光をさえぎらない木を選ぶ必要があります。この点は、植木屋さんに相談すればすぐにわかるでしょう。また、前の問にあるような、中毒を起こしうる植物には気をつけましょう。さらに、あらかじめ候補にしないほうがいいと思われる木もあります。イヌがかじるとおいしい味がするらしいザクロやサルスベリの樹木は、よく傷つけられてしまうケースがあるようです。また、クコの木は、イヌのオシッコに弱くて枯れやすいようです。

## Q 022 数日間、家をあけなければなりません。友人にイヌを預かってくれるよう頼んでもいいものでしょうか。

**A** イヌ好きの友人や親戚の人が引き受けてくれるならば、それにこしたことはありません。また、可能な環境ならばペットシッターを雇うのもいいでしょう。しかし、普段慣れていないイヌの世話をすることは大変なことです。新しい家に行けば、雄イヌな

らマーキングをしたがるかもしれません。トイレのしつけができていなければ、おもらしすることは確実です。トラブルを避けるためには、飼いイヌについてなるべく詳しく話をしてから引き渡すようにしましょう。その際、いつも使っているトイレや食器などを渡すことをおすすめします。

## Q 023 海外への転勤が、急に決まってしまいました。我が家の飼いイヌも連れて行きたいのですが、どうすればいいのでしょうか。

**A** まず初めにすべきことは、転勤先の国の大使館（または領事館）に連絡を取り、資料を入手することです。たいていの国では、獣医が作成した狂犬病予防接種証明書（または健康証明書）の提出を求められますが、さまざまな手続きや検疫は国によって異なります。ですから、わからない点があればきちんと確認をしておくようにしましょう。検疫期間の長い国の場合には、その期間中にどれぐらいイヌとの面会が許されているかも知っておけば安心です。また、利用する航空会社にも連絡を取り、国際航空輸送協会・航空会社で決まっている輸送基準（ケージの大きさなど）についても、忘れずにチェックを。そして、愛犬へのストレスを少しでも少なくするために、なるべく現地の昼間に到着する直行便を予約するようにしましょう。

## Q 024 おとなしく病院に行ってくれるようにするには、どうすればよいでしょうか。

**A** 日頃から病院に慣れさせることは、非常にたいせつなことです。イヌは、初めての場所や、一度行って印象の悪かった所に対しては、かなりの警戒心を示します。これは病院に行くときに限らず、すべての外出の際に共通していえることです。ですからそんなときは、お気に入りのおもちゃを持参したり、おやつを持って行くなど、気分転換をはかれる用意をしていくとよいでしょう。そして病院に行った際には、飼い主と先生は仲がいいことをイヌにわからせるため、にこやかに会話している様子などを見せます。ご主人さまが仲良くしている相手だとわかれば、たとえ知らない臭いの人に触れられたとしても、イヌの緊張も少しは緩むのです。また、病院前の道を毎日の散歩コースに入れ、病院の前で少し立ち止まっておやつをあげるなどして、「病院=楽しい場所」という印象を与えておくのもよいでしょう。



## Q025 耳の中のお手入れの仕方が分かりません。特別に注意することはありますか。

**A** 耳の中を清潔にしておくための基本は、乾燥した状態を常に保つことです。耳穴に長い毛が生えている犬種の場合は、そ

の毛をなるべく抜いておきましょう。毛を残しておくと耳の内部の湿度が上がり、病原菌が繁殖しやすくなります。そして、綿棒の先に巻いた脱脂綿にオリーブオイルや耳掃除用の乳液、5倍に薄めたオキシフルなどをつけて汚れを取り除きます。健康なイヌには耳あかはあまり出ませんので、こうした耳そうじは月に1～2回でじゅうぶんです。耳あかのようなものが出た場合は、異常のサインと考えておきましょう。

## Q 026 人間と同じく、歯磨きはしたほうがいいのですか。

**A** 歯磨きは、週に1回ぐらいはやってあげましょう。歯に歯石がたまってしまうと、歯肉炎や口臭などの原因となります。ですから、子イヌのなるべく早い時期から歯磨きをしたほうがいいでしょう。しかし、いきなり歯磨きをさせてくれるイヌはそういません。初めはまず口を開けさせ、それに慣れたらイヌ用の歯ブラシを使って歯を磨いてやります。歯ブラシは、人間の子ども用歯ブラシや指先にガーゼを巻くだけでも代用可。歯磨き粉は特に必要ありません。どうしても使いたいならば、イヌ用の歯磨き粉（液）を用意しましょう。人間用のものは使わないこと。磨く要領は、人間の歯を磨くときと同様です。最後に、ガーゼを巻いた指で歯ぐきのマッサージをしてあげましょう。

## Q027 日常的に目の手入れをする際のコツを教えてください。

**A** 涙や目ヤニに気づいたときには、ぬるま湯で湿らせた脱脂綿やガーゼで拭き取ってあげましょう。また、目の周囲で長く伸びた毛は、目ヤニや涙の原因となることもあります。毛が目に入らないほどの長さにカットしましょう。

## Q028 目の中に異物が入っているのがわかるのに、目薬をしても流れ出ません。いい方法はありませんか。

**A** まず、ミネラルウォーターのようなきれいな水に脱脂綿かガーゼを浸し、水分を少し残す程度に軽く絞ります。そして、この脱脂綿（ガーゼ）に異物をくっつけるような感覚で、優しく取り出してあげましょう。あせって手で異物を取り除こうとすると、かえってイヌの目を傷つけてしまうので要注意。

## Q 029 人間が使う目薬をイヌにも使っていいのですか。

**A** 人間用の目薬は、清涼感を感じる成分が入っていて、それが犬には刺激になります。病院で処方してもらったイヌ用の目薬を使うようにしましょう。

## Q 030 イヌの鼻も日常的に手入れをしてあげるほうがいいのですか。

**A** 長毛種で、毛が鼻にかかりやすいイヌは、鼻の周囲にある毛をときどき切ってあげます。また、顔の皮膚にシワが多いブルドッグやパグなどの犬種では、鼻すじのシワの部分をタオルやガーゼでこまめに拭いてあげましょう。

## Q 031 鼻のわきにあるヒゲが、かなり伸びてきています。切ってもいいのですか。

**A** イヌのヒゲは、ネコのそれのように触覚などの重要な役割を担っていません。ですからこの問に対する答えは、飼い主の判断次第というところでしょうか。ちなみに、ドッグショーに出すイヌなどは、ショーの直前に切りそろえることが多いようです。

## Q 032 ブラッシングをする前に、毛玉をほぐしやすくする方法はありませんか。

**A** それほど固くない毛玉ならば、タオルとお湯を使う方法があります。まず、タオルをお湯に浸して絞ります。そのタオルで、毛玉を割るように梳《す》くと、ほぐしやすくなります。ただし、毛

を引っ張りすぎてイヌが痛がらないように、毛玉の地肌に近い部分を押さえてから行うようにしましょう。その後はドライヤーなどの風を当てながら、ブラシ類を使って毛のもつれをなくします。ハサミで切り取ることだけは避けたいものです。

## Q 033 現在、短毛種を飼っているのですが、今度長毛種を飼うことになったので、正しいブラッシング法を教えてください。

**A** 以下に、短毛種・長毛種それぞれのブラッシング法をご説明します。①短毛種：獣毛ブラシ（またはスリッカーブラシ）

を使って、まずは毛並みにそってブラッシング。次に毛並みと逆方向に、そしてもう一度毛並みにそってブラッシングします。最後に、お湯に浸してかたく絞ったタオルなどで体を拭いてあげましょう。
②長毛種：ピンブラシ（または獣毛ブラシ）を使います。まず、お腹や股、耳周辺の毛を、毛並みにそって部分的にブラッシング。そして、体の下部を毛の流れにそって全体的にブラッシングし、その後体の上部も同様にブラシをかけます。いずれにしても、いきなり毛の根元からとかすのではなく、毛先から徐々にブラシを入れていくようにしましょう。最後は、お湯に浸してかたく絞ったタオルで体を拭いてあげます。

## Q 034 長毛種のイヌのブラッシングをする際、毛切れを少なくする方法はありませんか。

**A** 簡単な方法があります。ブラッシングの前に、蒸しタオルをイヌにちょっとかけておくだけで、ブラシの通りが意外とよくなります。なるべく多くの全身の毛を覆えるように、バスタオルを使うのが理想です。また、当たり前のことではありますが、食事の栄養バランスにも気をつかいましょう。

## Q 035 最近、毛吹《けふ》きが悪くなってきました。原因と元に戻す方法を教えてください。

**A** 最大原因のひとつは、換毛期に手入れをあまりしなかったことです。また、入浴のさせ過ぎも原因としてあげられます。毎日の丁寧なブラッシングと入浴回数を適度にすることで、元の状態に近づけていきましょう。

## Q036 シャンプーは、どれぐらいのペースでしてあげればいいのでしょうか。

**A** 短毛種なら年に数回、長毛種なら月に1〜2回のペースで定期的に行えばじゅうぶんです。ただし、予防接種の後は、1〜2週間はシャンプーを控えてください。普段は、丁寧なブラッシングとぬれタオルで拭けばじゅうぶんです。逆にシャンプーをやり過ぎると、皮膚を乾燥から守ったり水分をはじく役割のある皮脂を落としかねないので要注意。また、現在は豊富な種類のシャンプーがペットショップに置いてあり、飼いイヌの毛の質や色などによって選ぶことができます。薬用シャンプーも売られてはいますが、これだけで皮膚病が完治することはほとんどありません。また、寒い冬には、晴れた暖かい日に室内でシャンプーをしてあげましょう。

## Q037 イヌを自宅でシャンプーしてあげるときのやり方と時期を教えてください。

**A** シャンプーの際のお湯の適温は35度〜36度。イヌを怖がらせないように、弱い水圧で優しくお湯をかけてあげましょう。また、イヌが滑って転んでしまわないように床にゴムマットなどを敷いてやるとよいでしょう。では、具体的なやり方を、順に説明します。①体をぬらす前に念入りにブラッシングをして毛の汚れやもつれをときほぐしておきます。②イヌを立たせた状態で、足元から静かにシャワーをかけてあげます。顔にはかけないように。③全身をよくぬらし、おおまかな汚れを落とします。そして、薄めたシャンプー液をスポンジに含ませ、全身を丁寧に優しく洗ってあげてください。長毛種は毛がからまらないように気をつけ、ブラッシングのときのように毛を分けながら洗います。短毛種の場合はスポンジを使わずに、指先を使って皮膚をマッサージするようにシャンプー

液を泡立てながら洗います。いずれも、しっぽやおしりの周り、指の間は念入りに洗いましょう。注意するのは、顔を洗うとき。目や耳の中にシャンプー液が入らないように気をつけましょう。④シャンプーを流すときは、先ほどとは反対に高い位置から、シャンプー液が残らないように念入りに、かつ手早く流します。⑤長毛種はシャンプーだけだと毛がきしむことがあるので、リンスをします。水気を切った後に薄めたリンス液を全身になじませ、すすぎ洗いをします。このときも、シャワーは高い位置からかけます。⑥シャンプーまたはリンスが終わったら、イヌにブルブルッと身震いさせます。天然の脱水です。⑦バスタオルで全身を包むようにして水気をよくとります。そして、熱すぎないように注意しながらドライヤーで完全に乾かしてあげましょう。⑧耳の中や指の間などは乾きにくいので、小さいタオルやガーゼなどで念入りに拭いてあげます。



## Q 038 シャンプーをしてあげるときに、目を保護する方法はありますか。

**A** シャンプー前に、目の軟こうを塗ればいいかと思います。しかし、軟こうが手元になくても大丈夫です。普通にシャンプーをした後に、目の周りを水できれいに洗い流すだけでも問題ありません。

## Q 039 たいていのイヌはシャンプーが好きだそうですが、うちのイヌは水を怖がって逃げてしまいます。どうすればいいでしょうか。

**A** おそらく、幼犬のときに嫌な思い出があるのでしょう。嫌がるイヌに無理やりシャンプーをしたり、あまり人が触ること

がなかった、などということはありませんでしたか？　また、日本犬種の場合には、シャンプーを嫌がることが少なくないようです。いずれにしても、徐々にシャンプーに慣れさせるしかありません。まずはお湯につけて絞ったタオルで体を拭き、次の段階では絞らないタオルから体にお湯をたらし、さらに足下からシャワーのお湯をかけられる段階にもっていきます。根気強く対応していきましょう。

## Q 040 リンスは本当に必要なのでしょうか。使っていない飼い主もいるようですが……。

**A** 一般的なリンスの主な働きは、毛を柔らかくしてつやをキープする、傷んだ毛に栄養を与えて保護する、毛に残ったシャンプー剤のアルカリ性を中和させる（酸性リンスの場合）といったことです。このようにみてみると、長毛種のイヌならば、リンスはいろいろな意味で有効です。短毛種なら必要ないでしょう。最近は、脂性肌を乾燥させるとうたわれたものもあるようですが、皮膚の状態に変化が起きたら、医師にみてもらうことをおすすめします。

### Q 041 泥がはねた箇所だけをきれいにする、いい方法はありませんか。

**A** わざわざシャワーをしなくても汚れが落ちる、ドライシャンプーというものが市販されています。イヌの体で汚れているのが一部分だけならば、これを利用するのも手です。汚れた部分にかけてよくもみ、ティッシュで拭き取るだけなので、水がない場所にでかけたときなどに便利です。もちろん、家にいるときならば、ぬれタオルで拭くだけでもじゅうぶんでしょう。

### Q 042 足の裏についても、毎日のお手入れが必要なのでしょうか。

**A** 散歩に連れて行った後は足の裏が汚れています。なるべく毎日、足の裏をチェックしてあげましょう。肉球にすり傷などがみつかったら、程度によっては散歩を少し控えたほうがいいでしょう。また、肉球の間にはさまった小石などを見逃してしまうと、誤って飲み込んでしまう危険があります。フローリングなど滑りやすい床で生活させているときは、足の裏の毛を短く切りそろえます。残したままだと、滑って骨折してしまう恐れがあります。

### Q 043 うちのイヌの体温、脈拍、呼吸数を測ってみると、幼いときと比べて数値が低くなっています。何か問題があるのでしょうか。

**A** イヌの体に何の異常もみられなければ、これらの数値が子イヌのときより低くなるのは当然のことです。人間の場合でも、子どもとおとなの測定結果を比較すれば、同じ結果が得られます。以下に、幼犬と成犬、小型犬と大型犬での目安をあげておきます。

また、それぞれのイヌの体温や脈拍、呼吸数の違いは、イヌの年齢や個体差だけではなく、大きさによっても出てきます。大型犬は、小型犬よりも数値が低いのです。

**【体温】幼犬**：38.2〜39.0度、**成犬**：37.0〜38.8度

**【脈拍／1分】幼犬**：100〜200回、**成犬**：70〜120回

**【呼吸数／1分】幼犬**：12〜35回、**成犬**：10〜30回

## Q 044 爪切りをしてあげるのが面倒で苦手です。いい方法はありませんか。

**A** もし人間用の爪切りを使っているならば、イヌ用の爪切りに替えてみてはいかがでしょうか。特に大型犬の場合には、かなり使い心地がよくなるはずです。実際に爪を切る際は、明るい場所で爪内部の血管・神経など（赤くみえる部分）を確認し、その手前部分までの爪を切るのが基本です。毛に隠れている前足の狼爪も忘れないように。1〜2週間に1度は爪の伸び具合をチェックしてあげましょう。

## Q 045 深爪してしまいました。そのままにしておいていいですか。

**A** 血が出ている場合は、爪用の止血剤を塗り、出血している指の付け根を指や包帯などで圧迫して止血します。どうしても心配な場合やイヌがいつまでも痛がっている場合は、病院につれていってあげましょう。また、深爪を経験したイヌは、それ以降爪切りを嫌がることがあります。そうならないためにも、爪切りは丁寧に優しく行ってください。

## Q 046 子イヌが爪切りを怖がります。何かいい方法はありませんか。

**A** 爪切りを嫌がる子イヌを押さえつけようものならば、さらに暴れてしまいます。ですから、普段から爪や足先を触って、爪切りのときに嫌がらないように慣れさせておきます。また、内部の血管・神経などの赤い部分がよくわからない場合は、爪先から少しずつ切っていき、怖くなったら爪ヤスリをかければ爪を減らせます。仕上げは、爪の先端が丸味をもつようにしておきましょう。また、一度爪切りを始めたら、少なくとも指一本分の爪は切ること。そこでやめてしまうと、「嫌がれば爪切りをされないで済む」と子イヌが覚えてしまうからです。

## Q047 おしりの手入れ法があると聞いたことがあります。どのように行うのでしょうか。

**A** 常に清潔で乾燥した状態に保つため、特に長毛種の場合は肛門周辺の毛を短く切っておくことをおすすめします。肛門の周りに排泄物が残っていたり、湿った状態のままだと、湿疹を引き起こす原因となってしまうからです。また、肛門両側の8時20分の位置にあるふくらみ（肛門嚢《のう》）を左右から指で押し、分泌物を絞り出してあげましょう。この世話をしてやらないと、肛門嚢炎という病気になったり、悪臭のある分泌物が飛び出したりしてしまいます。

## Q048 飼いイヌの健康管理のために、体温や脈拍、呼吸数、血圧の測り方を教えてください。

**A** 【体温】①肛門で測るやり方：最も一般的な検温方法で、体温計の先端にベビーオイルや食用オイルなどを塗り、イヌの尾を持ち上げて肛門が確認できる姿勢にします。体温計の温感部分が隠れるまでゆっくりと、なるべく肛門と直角に差し込みます。②

内股で測るやり方：後ろ足の大腿部の内側と腹部が密着するような形で体温計をはさみ、足を外側から押し付けて測ります。このとき、座らせた状態で後ろからやさしく抱きかかえるか、寝かせた状態で測るとよいでしょう。

【脈拍】イヌをじゅうぶん落ち着かせてから後側に回り、後ろ足の付け根にある股動脈に軽く手を当てて測ります。1分間の測定を2〜3セット行い、平均値を割り出すとよいでしょう。

【呼吸数】落ち着いた状態で胸やお腹に手を軽く当て、1分間測定します。

【血圧】歯ぐきを30秒ほど指で押さえて、歯ぐきの色がすぐに赤く戻るか確認します。



## Q 049 さまざまな薬を、上手にイヌに飲ませたり使ったりするにはどうすればいいですか。

**A** ①錠剤・カプセル：飼い主があぐらをかき、その両足の中にイヌがくるように抱きかかえて安定させます。片方の手の親指と人さし指を犬歯の後にくるように持ち、上あごをつかんで持ち上げるようにして口を開かせます。もう片方の手に薬を持ったまま下あごを押し下げ、大きく口が開いた瞬間に薬を素早く口の奥のほうに押し込みます。すぐに口を閉じさせてのどをさすります。2〜3秒手で押さえ、ちゃんと飲んだか確認します。吐き出してしまったら、しばらく時間をおいて再挑戦してください。どうしても拒絶する場合は、チーズなどに詰め込んで与える方法もあります。②水薬：①の錠剤のときと同様、抱きかかえてイヌを安定させます。片手でイヌの口吻《こうふん》を優しくつかんで、少し上を向かせます。その手の親指で口の端を引っ張り、少し開いた隙間からスポイトで流し込みます。③粉薬：いちばん簡単なのは食事に混ぜてしまうことです。

水に溶いて水薬の手順で飲ませてもいいでしょう。口の脇の唇と奥歯の間にそのまま入れて外側からよく揉み、だ液と混ぜて飲み込ませる方法もあります。④目薬：錠剤のときと同様、抱きかかえてイヌを安定させます。片手でイヌの顎を下からつかみ、頭を固定します。もう片方の手で目薬を持ち、余った指でまぶたを上に軽く引っ張り、目尻に数滴落とします。

## Q 050 室内で飼っている場合、夏のエアコン冷房は何度ぐらいまでがいいのですか。

**A** 夏はイヌにとって苦手な季節です。夏に屋外と屋内の温度差があり過ぎると、室内犬の体力は低下してしまいます。また、そもそもイヌの体温調節の機能は、人間ほどにはスムーズに行われていません。ですから、エアコンの温度設定は、屋外の気温と比べて3度低い程度にしてあげましょう。

## Q 051 夏の暑さが苦手なイヌなので、人間用の携帯冷却剤を抱かせてもいいでしょうか。

**A** やめたほうがいいでしょう。人間用の携帯冷却剤の中身は、イヌにとって中毒の原因となる物質です。咬んだり爪で引っかいたりして中身が漏れることはじゅうぶんに考えられます。それよりも、風通しをよくしたり、エアコンを弱めにかける（問50参照）ほうがずっと安全です。

## Q 052 イヌは寒さに強いと聞きますが、真冬でも暖かくしてあげる必要はないのですか。

**A** 屋外犬の場合、寒さが増す夜中にはイヌ小屋に湯たんぽを入れたりして暖かくしてあげましょう。それでも暖かくならないような日なら、家の中に入れてあげましょう。一方、室内で飼っている健康なイヌならば、湯たんぽや電気アンカなどはほとんど必要ありません。あまり過保護にすると体が弱くなることがありますし、暖房器具による事故の可能性もあります。ただし、子イヌは暖かい環境においてあげる必要があります。

## Q 053 とても寒い冬の日ならば、人間が使う携帯用カイロを抱かせたり、コタツに入れて寝かせたりしてもいいですか。

**A** やめたほうがいいでしょう。イヌが携帯用カイロを爪で引っかき、中身が冷えた頃には食べたり飲んだりする可能性があるからです。さらに、低温やけどが起こることも、じゅうぶんに考えられます。また、コタツにもぐり込むと、赤外線によって結膜炎

が発生することもあります。ぬるま湯を入れた湯たんぽやペットヒーターを、タオルでくるんで用いましょう。

## Q 054 冬の食事は2割多く与えるのがいいと聞きましたが、本当でしょうか。

**A** 短毛種であったり寒い土地で屋外に飼っていたりする場合には、真冬の食事はカロリー量を少し多めにしてもいいでしょう。イヌが体温を保てるように、夏場と比べて1〜2割ほど多めのカロリーを与えるわけです。ただし、寒いという理由から、飼い主が散歩を短い時間できりあげたりする場合があります。そうなると、多めのカロリーは肥満の要素になることもあるので注意が必要です。

## Q 055 季節ごとに注意したほうがよい病気などはありますか。

**A** 春はノミやダニの卵がかえる時期なので、ノミによるアレルギー症や皮膚炎といった皮膚病、結膜炎に注意しましょう。また、ダニやシラミなどの寄生虫の発生にも要注意です。夏は日射病や熱射病、そして蚊によるフィラリア症にも注意してください。フィラリアの予防接種は受けておきましょう。また、ノミの繁殖による皮膚病、食中毒、外耳炎などにも注意してください。秋は夏バテからくる体力の消耗、食欲増進による肥満、肥満に伴った糖尿病などに気をつけます。ノミやフィラリア症もまだ気を許せません。冬はカゼから来る咳や鼻水に注意し、呼吸困難にさせないようにしてあげます。また、いずれの季節の変わり目も、カゼをひきやすい時期ですので注意してあげましょう。

# 結婚・出産

## Q 056 どのくらいの年齢になったら結婚させてもいいのですか。

**A** 質問の意味を交配・出産が可能な時期と解釈すると、まずはイヌの発情について知る必要があります。雌の最初の発情は、生後8～12カ月（小型犬の場合は、6～10カ月）で始まります。発情が確認できれば交配・出産は可能ですが、実際の交配は最初の発情では行わないほうがいいでしょう。子イヌを身ごもることになる雌イヌが、肉体的にも精神的にもまだ未熟だからです。1歳半～2歳の成犬になるまで、ぐっと我慢しましょう。ちなみに、雄イヌには発情期はなく、発情した雌イヌがいればいつでも受け入れます。つまり結婚させるならば、1歳半～2歳ぐらいの時期がいいかと思います。

## Q 057 交配に最適な時期ってあるのですか。あれば教えてください。

**A** 雌は最初の発情の後、その次の発情まで5～8カ月（平均6カ月）の間隔があり、その後もこの間隔で発情がやってきます。この周期を目安にして飼いイヌの発情期がわかれば、1歳半～2歳になって迎えた発情期に交配させればいいわけです。さらに細かくいえば、発情出血がみられてから12日目・13日目に交配すれば妊娠の確率が高い、といわれています。迷ったなら、病院でスメアー検査を受ければ、交配の適期がわかります。

## Q 058 交配の相手をうまく選ぶ基準のようなものはありますか。

**A** 交配の申し込みは、雌イヌ側から行われるのが普通です。相手を選ぶ基準としては、性格・毛質・骨格や、自分の飼うイヌにはない特徴の有無、ノミやダニの寄生を含んだ病気の有無などがあります。純血種ならば、遺伝的な要素も知っておくほうがよいでしょう。飼い主1人で相手を探してみつからなければ、ペットショップや獣医師、犬種の団体などに頼めば紹介してくれるはずです。また、後のトラブルを避けるため、交配についてのさまざまな確認を飼い主同士でしておいたほうがいいと思います（注）。

## Q 059 交配させようとしたのですが、雌イヌのほうが嫌がって暴れました。おとなしくさせる方法はありますか。

**A** 無理やり押さえつけると、かえって抵抗する場合もあります。そんな場合は、バスタオルや大きめの布をイヌの頭にかぶせ

**058注** 具体的には、次のようなことがあります。
●交配料 ●交配時の立ち会い人数 ●子分けの内容 ●不妊・流産・死産の場合の取り決め ●交配直前に病気などになった場合の取り決め ●その他の相手飼い主からの要望 など。

てから、頭をそっと押さえてあげましょう。この際、優しく話しかけることも有効です。こうした簡単な方法でおとなしくなるイヌは少なくありません。

## Q 060 交配の後、30分も雄と雌が離れないと聞きました。無理やり引き離してもいいですか。

**A** 交配の後にお互いがしばらく離れないでいるのは、野生時代の年1回の発情で妊娠を確実にするため、といわれています。また、3段階に射精されるイヌの精液は、中間の精液に精子が最も多く、最後の精液は後押しのような役目をもち、時間がかかるのです。いずれにしろ、問のように無理やり引き離すのは、あまり感心できません。もちろん、妊娠を望まない事故に出会った場合は別ですが。

## Q 061 妊娠の有無の見分け方、妊娠中の生活上の注意点を教えてください。

**A** イヌの妊娠期間は約9週間です。交配後、卵子が子宮壁に着床するには約3週間かかります。この間、散歩はしてもかまいませんが、激しい運動や入浴は避けましょう（注）。つわりの症状（食欲不振や嘔吐など）は3週目前後から現れますが、2〜3日でおさまらない場合は医師に相談します。このつわりが終わった4週目頃から、交配前と比べて体重が増えていくようならば、妊娠はほ

**061注** 妊娠中に避けるべき行動
●駆け足やジャンプ ●高所からの飛び降り ●階段の昇り降り ●イヌ同士のじゃれあい ●狭い場所をくぐる動作 ●シャワー・入浴（安定期の5週目頃に一度してもよい）

ぼ確実です。お腹も徐々に張ってくるでしょう。6週目頃からは、妊娠用のドッグフードを1日3～4回与えます。8週目頃、母イヌが足で地面を掘るような仕種をしたら、出産は間近です。長毛種ならば、肛門・内股・お腹・乳首の周辺の毛をカットしておきましょう。

## Q 062 お産するための環境は、どのように整えてあげればいいのですか。

**A** まず、母イヌがゆったり入れる大きさのダンボール箱を用意して、産箱を作ります。ダンボールの底に、ペットシーツ、母イヌが使っていた毛布、細かく切った新聞紙を順番に入れるだけです。冬は、ペットヒーターをいちばん底に入れてあげましょう。この産箱を、母イヌが落ち着いて出産できる場所に置きます。具体的には、母イヌが普段すわったり眠ったりしている場所、居間や台所の片隅などがいいでしょう。陣痛が始まったら、この産箱にやさしく誘導してあげましょう。

## Q 063 出産をしている最中に、母イヌの手伝いを何かしたほうがいいのですか。

**A** 基本的に、飼い主はなるべく手出しをしないで見守りましょう。ただし、難産の場合のみ、飼い主の素早い対応が必要です。激しい陣痛があるのに子イヌがなかなか出てこないとき、母イヌにけいれんが起きたときなどは、大至急医師に連絡して指示を受けてください。

## Q 064 たった今、子イヌが生まれました。まず気をつけるべきことは何ですか。

**A** 通常は、すぐに母イヌの母乳を飲むはずです。いくらかわいいからといっても手出しはせず、そのままたっぷりと母乳を飲ませてあげましょう。しかし、子イヌが息すらしていない場合は、大至急措置を施します。鼻の穴の中に粘液が残っているならば、飼い主が口で吸い出します。そして、ガーゼで全身をこすったり、逆さにつるして軽くお腹を押したりして、とにかく呼吸をさせましょう。また、母イヌが子イヌに無関心で、母乳をまったく飲ませていない場合は、子イヌ用の粉ミルクをしぼってあげましょう。



## Q 065 子イヌを生んだ後、母イヌのおっぱいが赤く腫れて硬くなっています。どうすればいいですか。

**A** これは、うっ帯性乳腺炎という乳房内の炎症だと思います。生まれた子イヌの数が少なかったり、子イヌがじゅうぶんにミルクを飲まなかったりして、乳腺の中にミルクがたまり過ぎることが原因です。ですから、子イヌにはすべての乳房を吸わせるようにしましょう。また、母イヌの乳房にしこりがみられるならば、軽くマッサージをしてミルクを搾ってあげましょう。

## Q 066 先週の出産以後、母イヌの膣が赤く腫れているようです。医師にみてもらうべきですか。

**A** 長時間の出産だったり出産後に不潔にしていると、膣や子宮に炎症が起こることがあります。問のような症状のほかに、おりものに血が混じっていることもあります。いずれにしろ、医師に相談して診察してもらうことをおすすめします。

## Q 067 自分で生んだ赤ちゃんを食べてしまうイヌがいると聞きました。そんな恐ろしいことが本当にあるのですか。

**A** こうしたことは非常にまれなことですが、出産がスムーズにいかなかった場合などは警戒する必要があります。特に出産初経験の母イヌや、神経質な母イヌが帝王切開で出産した場合には、24時間態勢で見張っておくほうがいいかもしれません。安心できない場所、慣れない臭いの場所などで麻酔から目覚めた母イヌは、何をしでかすか分からないのです。今までに見たこともない子イヌの一群が自分の周りをうごめき、おっぱいを求めてくることで、こうした母イヌは不幸にも我が子であると認識できずにパニックを起こすのです。また、ある種のイヌでは、通常分娩でも子イヌの数が多すぎると、間引きすることがまれにあるようです。もしもそうしたことが心配ならば、産後数日間は目を離さないほうがいいかもしれません。

## Q 068 生まれたばかりの子イヌの場合、いつ頃から入浴させるべきでしょうか。また、注意点はありますか。

**A** 生まれてから半月ほどすれば入浴させられます。ただし、人間が楽しいからといって長湯をさせることは避けましょう。お湯をかけている時間は3分を目安としてください。また、湯温は39度前後が理想です。洗剤は、大人用の液状シャンプー剤よりも刺激の少ない化粧せっけんがおすすめです。

# 避妊・去勢

## Q 069 避妊・去勢手術は、いつ頃からできるのですか。また、おとなになってから手術を受けさせてもいいのですか。

**A** 手術時期の目安は、イヌが1歳ほどになってからです。体が成熟してから行うと、術後のホルモンバランスがいいようです。また、雄雌どちらの手術にしても、6〜7歳を過ぎた高齢期に行わないようにしてあげましょう。体力が低下しているときに全身麻酔をかけるので、体に余計な負担をかけることになります。手術をするしないの問題は、飼い主がもっと早い時期に決断すべきです。

## Q070 避妊、去勢の費用などを教えてください。

**A** 雄イヌの場合は入院不要で、費用の目安は大型犬で約2～4万円です。手術の方法は、全身麻酔で左右の精巣（睾丸）を摘出します。雌イヌの場合、1～2日（大事をとって1週間というところも有）の入院で、費用は手術のみで約3～5万円。手術前日は夕方から絶食の指示が出るはずです。手術後は患部の傷をなめないように注意しましょう。傷をなめさせないためには、人間の子ども用のシャンプーハットのようなもの（エリザベスカラー）を首につける手もあります。病院で売られているところもあるので、聞いてみるのもよいでしょう。

## Q071 手術後は、手術前に比べて性格がおとなしくなるといわれていますが、本当ですか。ほかにも変化がありますか。

**A** 手術を行った後の雄イヌは、マーキングや放浪などの行動が減り、性格がおとなしくなり、何よりも性的ストレス（交尾のチャンスがないことから来るイライラ）から解放されます。また、高齢になった頃によく起こる、前立腺肥大などのホルモン系の病気・肛門周辺の腫瘍などの予防につながります。一方の雌イヌは発情がなくなるので、飼いやすくなったと感じる飼い主もいるでしょう。もちろん、子宮の病気や乳ガンの予防になります。ただ、手術後に太るイヌもまれにいるようです。そうなった場合は、食事と運動をよく考えてあげるようにしましょう。

# グッズ・ショップ

## Q 072 理想的な食器はどのようなものでしょうか。

A まず、エサはエサ専用の器、水は水専用の器をそろえましょう。ペットショップに行けばイヌ専用の食器が売られていますが、特に人間が使っていた食器を利用する場合、イヌが食べやすい形を考えて選びましょう。食べにくい形や大きさだと、エサを一度外に出してから食べる癖がついてしまいます。これを許してしまうと、散歩中、道に落ちているものを平気で口にするようになります。どんぶりのように底が深すぎると、イヌの口が汚れやすく底まで届かないことも考えられます。また、器が軽すぎるとひっくり返してしまいます。食器の素材については、ステンレスや陶器のものが理想的。変わった素材の食器の場合、接触性アレルギーを引き起こしてしまう危険があります。かゆくて食事ができなくなることも多いので、プラスチック製の食器などは、なるべく避けたほうがいいでしょう。

## Q 073 いろいろな素材がある獣毛ブラシの選び方のコツを教えてください。

A 猪毛、豚毛、馬毛、猪毛と豚毛の混合など、4種類の獣毛ブラシが市販されているようです。これらのうち、馬毛のブラシはイヌの毛にオイルを塗るためのものですから、毎日のブラッシング用に使わないようにしましょう。ブラッシングについて全般的に適しているのは、比較的軟らかめの豚毛ブラシです。一方、猪毛や猪毛と豚毛の混合のブラシはやや硬く、これらの獣毛で毛足を長く作られているブラシは、毛が比較的堅くて量も密である犬種（コリーやポメラニアン、プードルなど）のブラッシングに適しています。いずれにしても、毛先がそろいすぎたブラシはイヌの毛に対して通りが悪く、避けたほうが無難です。迷ったら、ペットショップで相談してみましょう（注）。

## Q 074 首輪をされるのをとても嫌がります。どうすればいいのでしょうか。

**A** まずは、食事のときにリボンなどのひもをゆるく結んでみましょう。お腹をすかせたときの食事中ならば、首輪を気にし

**073注** 獣毛ブラシのほかによく市販されているブラシとしては、ピンブラシやスリッカーブラシがあります。ピンブラシを使うと毛先のからまりをほぐせるので、一般的に長毛種のイヌのブラッシングに適しているといえます。また、細くて柔らかい毛のイヌにも、毛を傷めにくいということでよく使われます。スリッカーブラシは、換毛期や短毛種の普段のブラッシングなどに使います。

ないほど夢中のはずだからです。リボンなどのひもを結ぶ時間をのばしていったら、今度は首輪で同じことを行います。引きひも（リード）を首輪につけるのは、イヌが首輪になれてからにしましょう。しかも初めのうちは、人が引きひもを持たずに、イヌにひきずらせておきましょう。かなり忍耐力が必要ですが、外出のときには首輪をすることが条例で決まっています（特別の場合を除く）。粘り強くがんばりましょう。

## Q 075 ノミ取り首輪はかえってイヌの健康を害することがある、と聞いたことがあります。どうしてあげればいいですか。

**A** ノミを除去するために強力な薬剤が使われている首輪があります。こうした首輪をつけたうえで、さらにノミ取りシャンプーやノミ取り粉まで併用していれば、イヌの健康を害することはじゅうぶんに考えられます。ですから基本的には、最も安全なノミ除去の方法については医師と相談するのがいちばんです。現在は、有効で持続性のある滴下剤や注射・内服薬もありますので、これらを利用するとよいでしょう。

## Q 076 ペット美容室に一度連れて行きたいのですが、設定されているコースや料金の目安を教えてください。

**A** 美容室によって設定コースや料金に差はあります。また、同じ設定コースを選んだとしても、イヌの大きさによって料金が変わってきます。そこで、たいていの美容室にあるコースの料金目安を、小型犬の場合であげておきます。シャンプー＆グルーミングで4,000〜6,000円、シャンプー＆グルーミング＆トリミングで

5,000〜8,000円。予算が限られているならば、事前にコース内容と料金をしっかり確認しておきましょう。

## Q 077 毎日の散歩をより楽しくしてくれるようなグッズがあれば教えてください。

**A** おすすめは、市販されているイヌ用の万歩計です。イヌの首からぶら下げるだけで、歩くときの足の着地の衝撃の回数によって歩数が計測されるスグレモノです。特に肥満気味のイヌを飼っているかたは、愛犬の健康のためにうまく利用してみてはいかがでしょうか。

## Q 078 様々な種類のオモチャが売られていますが、イヌは違いがわかるのでしょうか。

**A** もちろん、選ぶオモチャの種類によって、イヌの気分は違ってきます。フリスビーや動物の形をしたゴム製のオモチャなどで遊べば、獲物を追う気分をイヌに与えます。一方、表面が皮で出来た硬いオモチャやナイロン製の輪などは、かみつきたいという気分をイヌに与えます。また、こうしたオモチャの利点としては、咬むという動作によって歯と歯ぐきの運動になることがあげられます。

# 旅行

## Q 079 子イヌを初めて家の外に連れていく際、どんなことを注意すればいいでしょうか。

**A** 初めての外出は、子イヌにとっては緊張するものです。毛布やバスタオルなどで全身をくるみ、両腕で抱いてあげましょう。ただし、騒音などで驚いたときに子イヌが腕から逃げ出して落ちないように、くれぐれも注意しましょう。要は、人間の赤ちゃんの初外出とほぼ同じ要領と考えてください。

## Q 080 飼いイヌと旅行をしたいのですが、イヌも山好きや海好きなどに分かれるのですか。

**A** もともと猟犬として活躍していたビーグル・ポインター系、セッター系などは、アウトドア、特に山や草原で楽しく遊べ

るでしょう。一方、海や川、湖などの水辺でよく遊ぶ犬種の代表は、ゴールデンやラブラドールなどのレトリーバーです。このように一般的な犬種でお答えしたのには理由があります。どちらが好きであるにしても、人間と同じように、イヌの好みに個体差があるからです。覚えておいていただきたいのは、怖がるイヌを無理やり水に入れると、思わぬ大事故につながることがあるので注意が必要ということです。

## Q 081 イヌを車に乗せて買い物などに出かけたいのですが、車に慣れさせる方法はありますか。

**A** まず何回かは、エンジンを切った状態の車の中で、いっしょに数時間過ごしてみましょう。後部座席にイヌの好きなブランケットなどを敷いて、そこが自分の居場所だと教えてあげます。もし運転席や助手席に行こうとしたら、きちんと「イケナイ」と教

えます。また、自分の居場所でおとなしくしていられたら、じゅうぶんにほめてあげましょう。いっしょに遊んであげたり、お昼寝をしたり、食事をあげたりすることで、イヌは車内でもリラックスできるようになります。車が楽しいものだと認識できたら、次はエンジンをかけ、少しだけ車を走らせてみましょう。少しでも車酔いの症状が現れたら、すぐに車から下ろして休ませます。元気に回復したようなら、再びエンジンをかけて車を走らせてみます。このように、「少し走っては休憩」「車内で構ってあげること」を繰り返し、だんだん休憩の間隔を広げていくといいでしょう。ただし、食事や水を与えた直後には、車に乗せないほうがいいでしょう。

## Q 082 イヌにも車酔いはあるのですか。あるならば、どんな症状が出るのですか。

**A** 車に同乗中のイヌが、普段よりヨダレを多く出したり嘔吐したら、車酔いを疑って必ずひと休み入れるようにしましょう。もしもそのまま車を運転し続けると、イヌは脱水状態におちいることがあります。車酔いを防ぐには、普段から車に慣らし、少なくとも2時間おきに休憩を入れること。また、酔いを少なくするために、イヌをケージやキャリーバッグに入れて、体を動きにくくすることもたいせつです。また、かかりつけの医師に酔い止めの薬を処方してもらう手もあります。

## Q 083 イヌといっしょに車での旅に出かけたいのですが、注意することはありますか。

**A** 長時間ドライブに出かけるとき、出発直前は一食抜いて胃をからっぽの状態にしておきます。ケージは、イヌが外の景色をみられるように少し高めの位置にしっかり固定します。ドライバー以外にイヌをみてくれる人がいる場合のみ、ケージから出してあげるようにしてください。ドライブ中は換気をこまめに行って、車内がムッと暑かったりたばこの臭いが充満しないように配慮してあげましょう。また、ドライバーの休憩も兼ねる意味で2時間おきには休憩し、車を止めて車外に出してあげましょう。出発前にイヌを車に慣れさせ（問81参照）ても車酔いが不安なときは、医師に相談して酔い止め薬を処方してもらう手もあります。

## Q 084 イヌを連れて飛行機を利用する際の決まりなどがあれば教えてください。

**A** まず知っておくべきことは、イヌを連れて客席に着くことはできない点です。動物は貨物室に運ばれるか貨物専用機で空輸されます。飛行中には一切イヌの面倒をみることができないので、ケージの中にコンパクトな入れ物で水と食事を入れておき、搭乗前には必ずトイレを済ませておきます。実際の貨物室は、客室と同様に換気や温度調節、気圧調整の設備が完備されています。ただし、

航空会社のほうでケージを用意している場合があり、このケージに入らない場合は貨物専用機で運搬されるケースもあります。イヌの搭乗料金は、体の大きさや体重、航空会社によってもまちまちです。事前に航空会社に連絡をして、それらの確認をしてから予約を入れるといいでしょう。慣れない乗り物に乗るのは、イヌにとっては大きなストレスです。ちょっとでも体調が悪そうなときは、搭乗を控えてあげましょう。

## Q 085 イヌと電車に乗って旅行するとき、決まりがあれば教えてください。

**A** イヌといっしょに電車に乗る際の決まりには、各鉄道会社のあいだである程度共通する部分があります。まず、乗車中はケージからイヌを出してやることはできません。そのケージは70cm×90cm×90cm以内のものでなければなりません。また、イヌとケージの重さの合計は、10kg以内と決まっている鉄道会社が多いようです。ですから、中型犬や大型犬の場合は乗車できない可能性が高いので、あらかじめ確認をしっかりしておく必要があります。

乗車料金は、窓口で手荷物用キップを購入して支払います。旅客1回の乗車、または100km以内の乗り継ぎであれば、たいていの電車は一律270円。ただし、違う列車に乗り継ぐ場合には、新たに料金を支払います。私鉄の場合には、無料のところもかなりあるようです。

## Q 086 イヌと船を利用する際の注意事項があれば教えてください。

**A** 船の場合、基本的に客室には入れませんが、飼い主とイヌはいっしょに過ごすことができます。イヌの居場所は船の種類によってさまざまですが、車で乗船した場合には車中にいられます。また、ケージに入れて廊下に置いたり、専用のペットルームが用意されている船もあります。いずれの場合も飼い主がそばについていれば、世話をしてあげることが可能です。ただ、移動時間が長いことと船酔いしやすいという難点を忘れてはいけません。乗船前は食事を与えないようにしてください。乗船料金はまちまちで、予約をしておけば無料になるケースもあります。逆に、船で用意された専用ケージに入らない場合や船の混雑具合によっては、イヌの乗船を断られてしまうことがあります。必ず確認してから予約をしましょう。

## Q 087 初めてペットホテルを利用してみようと思っているのですが、選ぶポイントとしてはどのようなことがあるでしょうか。

**A** 清潔であることは今や当然です。どの程度の散歩をさせてくれるか、部屋（ケージ・犬舎）の大きさや管理状態はどうなっているかを基本として、食事の持ち込みを受け入れてくれるかなどについて調べておきましょう。飼い主の旅行中に、シャンプーやトリミングをしておいてくれるところもあります。また、受付や引き取りの時刻、休業日のチェックも忘れずに。気になる料金については、遠慮せずにしっかりと確認しましょう。もちろん、イヌの大きさや犬種によっても料金に違いが出てきます。さらに料金設定の仕方が、1泊2日単位のところもあれば、1日単位のところ（1泊2日ならば2日分）もあります。たいせつな愛犬を預けるのですから、じゅうぶんな準備を心がけてください。

## Q 088 宿泊先にイヌを同行させる場合、どんなことに注意すればいいでしょうか。

**A** 宿泊先を予約する際、ペットを受け入れるところかどうか必ず直接確認を入れてください。その際、こちらからはイヌの種類や大きさ、頭数などを伝え、先方からは宿泊先でのルールや施設の環境などをしっかり確認しましょう。宿泊先に着いたら、トラブルを避ける意味でも必ず挨拶はきちんと行いましょう。部屋に入ったら、イヌのお気に入りのシーツや毛布などを床に敷き、イヌが落ち着ける居場所を確保してあげます。トイレは、簡易トイレもしくはビニールの上に新聞紙を敷いて、排泄の度にこまめに取り替えるようにしましょう。食事は、衛生面も考え、普段使っている食器と食べ慣れたエサを持参することをおすすめします。食事の際は、食べこぼしなどに注意をはらい、宿を汚さないように気をつけましょう。イヌを残して部屋を空けるときは、部屋を荒らしたり騒いだりしないようにケージやサークルに入れ、さらにお気に入りのオモチャなどを与えて、イヌが退屈しないようにします。ガムテープや消臭スプレーを宿泊先に持参すると、退室の際の片付けなどに役立つでしょう。

# 制度

## Q 089 予防接種は必ず受けなければいけないんですか。

**A** 狂犬病の予防接種は、法律で義務づけられていますから必ず受けなければいけません。このほかにもワクチン接種がありますが、こちらはすべて任意のものです。しかし、イヌを死に至らしめるほどの伝染病が、ワクチン接種を受ければ最低でも1年間は予防できます。任意のものではありますが、できるだけ接種を前提として考えることをおすすめします。

## Q 090 予防接種は何種類あって、それぞれいくら位かかるのですか。

**A** まず、狂犬病の予防接種は、生まれて3カ月後（費用：畜犬登録料も含めて6,000～7,000円ほど）と以降年1回4月に接種（費用：3,000～4,000円ほど）します。このほかに任意のものとして、いろいろな伝染病を予防するためのワクチン接種があります。8種ほどの病気を予防できる混合ワクチン（注）（費用：9,000円ほど）もありますので、医師との相談のうえで接種を受けましょう。こちらは、生後2カ月と3カ月に1回ずつ、以降は年1回の接種です。また、厳密には予防接種ではありませんが、フィラリア症予防のための内服薬（費用：体重により異なり1回分1,500～5,000円ほど）や、注射剤、皮膚への滴下剤もあります。

## Q 091 予防接種を受ける日が過ぎていることに気づきました。どうすればいいのでしょうか。

**A** 今すぐにでも病院に電話し、予防接種を受ける日取りを決めましょう。たとえ毎年1回の接種時期をうっかり忘れても、病院にお願いすればやってもらえます。ちなみに、接種当日には激しい運動や入浴はさせないようにします。

**090注** 一般的に、混合ワクチンには次のようなものがあります。

**●5種混合ワクチン**
ジステンパウイルス感染症
アデノウイルスⅠ型感染症（犬伝染性肝炎）
アデノウイルスⅡ型感染症
パラインフルエンザ感染症
パルボウイルス感染症

**●6種混合ワクチン**
5種+コロナウイルスを加えたもの

**●7種混合ワクチン**
5種+レプトスピラ感染症を2種加えたもの

**●8種混合ワクチン**
6種+レプトスピラ感染症を2種加えたもの
または
5種+レプトスピラ感染症を3種加えたもの
などが使われています。

## Q092 健康診断とはどのようなものですか。必ず受けなければいけないのですか。

**A** 健康診断は、病気の早期発見に非常に役立ちます。実際の診断では、問診や体温、心拍数はもちろん、肥満度も正確に診断。また、目、鼻、口の中、毛や皮膚、骨・股関節の異常の有無など、各部位の状態をチェック。必要により血液の生科学的検査、フィラリアの検査など、年に1回は診断を受けるようおすすめします。一般に高齢といわれる7歳以降には、年に2回チェックを受けましょう。年をとると色々な病気にかかりやすくなるのは、イヌも人間も同じことです。

## Q093 病院に行くと血液検査をよく受けますが、何を調べているのですか。

**A** 人間に対する血液検査とほぼ同じと考えていいでしょう。一般的な血液検査では、赤血球・白血球・血小板の数、ミクロフィラリア（フィラリアの子虫）の有無などを中心に調べたり、血液生化学検査では、肝臓・腎臓・膵臓・副腎などの働きに異常がないかなどをチェックします。

## Q094 血統書にはどのような内容が書かれているのですか？

**A** 血統書は畜犬団体ごとに発行されます。発行してもらう場合はまず、この畜犬団体へ登録して申請書を提出します。血統書には、①犬名②種類③性別④毛色⑤生年月日⑥登録番号⑦住所⑧氏名⑨登録者名⑩所有者名⑪4代前までの犬名⑫先祖のドッグ・ショーでの入賞歴、などの情報内容が記載されます。

## Q 095 病院の治療費にはかなりばらつきがありますが、なぜですか。

**A** まず、人の健康保険のような点数規定がありません。自由診療ですから、獣医師会で基準料金を規定することは「独禁法」に触れるのでできないそうです。さらに、こちらは人間の病院でもよくあることですが、同じ病気に対しても各病院によって治療法や処方薬に違いがあること。主にこのような理由で、料金に差が出てくるわけです。もし金額的に心配な点があるならば、治療を受ける前にだいたいの費用を聞いておけば、後で問題が起こることは少なくなるでしょう。

## Q 096 野良犬の去勢が無料なように、飼い犬でも何か、援助してもらえることはあるのですか。

**A** 雌イヌの避妊手術に助成金が出る自治体があるようです。かかりつけの病院や最寄りの役所に問い合わせてみましょう。

## Q 097 イヌを飼い始めると何かと医療費がかかるので、ちょっと悩んでいます。費用補助に役立つ制度は何かありませんか。

**A** 以前からあった医療面での補助金積立などの互助制度に加えて、最近では、少額短期保険として国の認可を受けたペット保険会社もあります。例えば、ペット＆ファミリー少額短期保険（株）では入院・通院・手術・ガンなどのときに保険金を支払い、サポートしてくれます。もちろん、各々保証内容は違いますので、よく確認してから契約するようにしましょう。こういったものと足並みをそろえるように、獣医師による「24時間電話医療相談」をできる会社もできてきました。

## Q 098 うちのイヌが車にぶつかってしまいました。相手の運転者の人は治療費を全額出してくれるのでしょうか。

**A** 残念ながら、治療費を全額補償してくれる場合は少ないでしょう。相手の車が傷ついたりした場合、飼い主がしっかりと管理していなかった責任を問われるケースも考えられます。ですから、基本的には相手の運転者の人と根気よく話し合うことが必要です。また、今のところは、イヌの公的な医療保険はありませんから、飼い主が治療費を用意する覚悟も必要です。もちろん、車のほうに

明らかなミスがあってなんとかしたい場合は、民事事件として地方裁判所に訴えることもできるでしょう。

## Q 099 散歩中、道で見知らぬ人を突然かんでしまいました。どうすればいいのでしょう。

**A** まず、どのような事情があろうとも、すぐに病院の診察を受けてもらいましょう。かまれた相手の治療費は、当然イヌの飼い主が全額払います。また、必ず保健所に届け出をすることになっています。

## Q 100 うちのイヌが行方不明になってしまいました。どうすればいいのでしょう。

**A** 自分の住む都道府県の動物管理事務所に、すぐに連絡してみましょう。もしかしたら、捕獲されているかもしれません。

この事務所は、捕獲したイヌを4日間拘留する公共施設です。せっかくイヌが捕獲されていても、飼い主が引き取りにいかなければ処分されてしまいます。落ち込んでいる暇はありません。

## Q101 ペットに関する新しい法律ができたと聞きました。一般の飼い主にも関係がある内容なのですか。

**A** 2005年6月15日に成立し、2006年6月1日に施行された「動物愛護管理法（正式名称：動物の愛護及び管理に関する法律）」についてのことだと思います。この法律は、2000年12月から施行された「動物の愛護及び管理に関する法律」の一部を改正したものです。一般の飼い主にとっては、動物への虐待や殺傷に対する罰則が「殺傷には100万円以下の罰金、又は懲役1年以下の刑。虐待・遺棄には30万円以下の罰金」だったのが、「殺傷には100万円以下の罰金、又は懲役1年以下の刑。虐待・遺棄には50万円以下の罰金」と、変わりました。また、犬及びねこの引取りについてが、保健所・センターからの引き取りは「動物の愛護を目的とする公益法人その他のもの」から「動物の愛護を目的とする団体その他のもの」へと変更されました。このほかにも、動物販売業者（ペット店）は都道府県等への登録義務や店舗に動物取扱責任者を置き、衛生的管理、販売時の説明責任などの規制を受けるようになりました。

## Q 102 残念ながら突然の事故で死んでしまったので、葬り方を教えてください。

**A** 住んでいる地区にある保健所や清掃局でも、遺体を引き取って火葬してもらえます（有料）。また、ペット霊園では、引き取りから火葬、葬式や墓の手配まで請け負ってくれるところがほとんどです。こちらは、保健所や清掃局よりも割高ですから、内容や料金の確認をよくしましょう。ちなみに、公共の場所や他人名義の土地に埋葬することは、ほとんどの自治体で禁止されています。

## Q 103 民間企業で、ペット保険やペット預金を扱っているところがあると聞きました。本当でしょうか。

**A** 興産信用金庫では、3種類のペット預金とペットローンがあります。さらに、この預金またはローンの契約をしてペットクラブに加入すれば、ペット購入から訓練、動物病院・ペットOKの宿の紹介、美容院総合ケアサービスなど、さまざまなサービスが受けられます。そのほかにも多くの団体や法人がペットの医療保険やかみつきなどの賠償保証、葬祭保険などのサービスをしています。

## Q 104 うちの飼いイヌについて、隣の家から苦情が出たり、ペットショップとのトラブルがあるときなど、相談にのってくれるところはありませんか。

**A** たいていの地方自治体には無料の法律相談会が開設されていますから、そちらを利用してみるのがいいでしょう。ただし、専門家が無料で相談にのってくれることもあって、曜日や開設時間帯、1件あたりの相談時間などが限定されていて、予約制のはずです。ですから、自分の住む地域の役所にしっかりと確認をしましょう。また、デパートの中にも法律相談コーナーがある場合があります。こちらは、無料のところもありますが、有料が普通のようです。こちらも予約制をとるところが多いので、やはりきちんと問い合わせることから始めましょう。

## Q 105 フリスビーを教えたいのですが、コツはありますか。

**A** 初めのうちは、フリスビーを地面に転がすことから始めるのがいいでしょう。飼い主が地面に片ひざを立て、フリスビーをバウンドさせずに地面と垂直に転がします。持ってこさせる要領は、【しつけ】の項目問96にあるボール遊びの例を参考にしてください。必要ならば、手に持ったフリスビーにジャンプさせる練習も、並行して行います。その後、フリスビーを投げ始めるのですが、投げる高さは地面から徐々に上げていき、距離も徐々にのばしていきましょう。

## Q106 イヌと遊びたいとよく思うのですが、現在はマンション住まいのため実現できません。好きなときにイヌと遊べる方法はありませんか。

**A** 手軽にイヌと遊べる方法としては、イヌのテーマパークに出かけることがおすすめです。遊園地のように料金を支払いさえすれば、大小さまざまな種類のイヌに触れることができるはずです。たとえば、「つくば　わんわんランド」（茨城県・029-866-1001）などでは、好みのイヌを数時間レンタルでき、施設内をいっしょに散歩することも可能です。こうした施設は全国へ広がりをみせています。現在すでにイヌを飼っている人でも、新しい犬種を選ぶ際の参考に利用することもできます。仲間を誘って足をのばしてみてはいかがでしょうか。

日常生活・その他

Q&A Part 3

# 病気、ケガと思われる症状について

＋
耳／目／鼻／口／足
肛門・排泄物
皮膚・毛／全身／その他

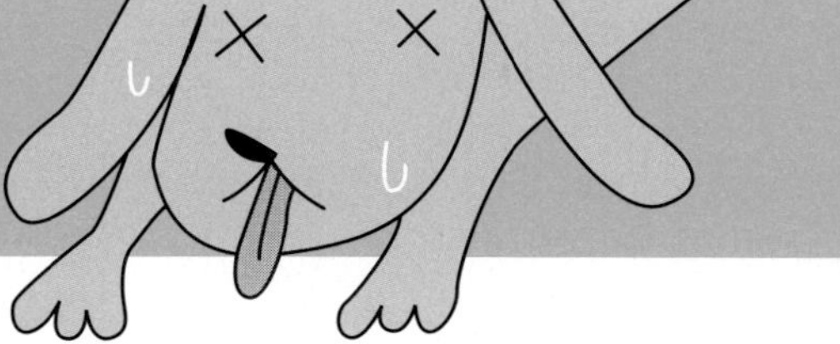

# 耳の異常と手入れ

## Q 001 耳の中に水が入ってしまいました。病気の原因にならないかと心配です。

**A** 耳の中の毛を抜いてあるならば、外耳炎などの病気の心配はそれほど必要ありません。たとえ耳の穴に水が入ったとしても、首をぶるぶる振れば耳の外に流れ出て、耳の内部がすぐに乾燥した状態に戻るからです。あわてて綿棒などで水分を取ろうとして耳の深部をこすり、粘膜を傷つけることのほうが問題です。しかし、耳の手入れを怠っていると、残っている毛などに水分がまとわりつき、水分が残って湿度の高い状態となり、耳の病気を誘発する原因の一つとなります。普段の耳の手入れがたいせつなのです。

## Q 002 月に1回の耳のお手入れは欠かしていないのですが、最近しきりに耳をかくようになりました。

**A** イヌが1日中耳をかいていたり、黒い耳アカが出たりしたときには、耳の皮膚炎や外耳炎が起きていると考えられます。また、耳ダニが寄生していることもあります。皮膚炎や外耳炎が起きている場合には、耳自体の治療はもちろん、その病気を引き起こしているほかの病気の治療も受けなければなりません。一方、耳ダニが寄生している場合ならば、殺ダニ剤で完全に治療してもらえば、再感染しない限り再発はしません。いずれにしろ、なるべく早く病院に行きましょう。

## Q 003 垂れている耳をつまんで上げてみると、耳の穴の中から変な臭いが。何かの病気でしょうか。

**A** 健康なイヌでも、耳の穴からある程度の臭いはしてきます。体臭と同じです。しかし、膿んでいるような悪臭や、体臭とは異なる臭いがあるならば、病気が発生している可能性があるので注意が必要です。また、初めてのことではないのに、耳を触ろうとするとイヌが嫌がる場合は、耳の内部に炎症などの病気が出ている可能性があります。いずれの場合も、なるべく早く病院でみてもらって、適切な処置をしてもらいましょう。

## Q 004 耳だれが出ていて、首を傾けています。耳を触ろうとするとかなり痛がるそぶりをします。

**A** すぐに病院に連れて行きましょう。イヌがこうした状態になっている場合は、飼い主が外耳炎に気づかずに放置していたために、中耳炎や内耳炎までも引き起こしていることがほとんどで

す。こうなると、外科的な手術が必要なことも少なくありません。また、手術後も、中耳や内耳の洗浄消毒を毎日行わなければなりません。さらに、化膿の処置として、抗生物質の注射や内服も必要となります。中耳炎や内耳炎となる前に、外耳炎の段階で気づいてあげるようにしましょう。

## Q 005 獣医さんから、慢性外耳炎の完治のための手術をすすめられているのですが、どんな手術ですか。

**A** 慢性の外耳炎の場合、ほとんどのイヌの耳道は厚く硬く腫れています。こうなると、耳道がふさがってしまうことも少なくありません。よって、内科的な処置で腫れがひかない場合は、外耳炎による炎症部分を切除する手術を行うわけです。具体的な手術の方法は、炎症のある場所によって変わってきます。耳の入り口に近いところ（垂直耳道）なら、その部分のみを切除します。奥に近いところまで炎症があれば、外耳道すべてを摘出する場合もあります。

## Q 006 耳をかいたり首を振ったりしています。また、人間の耳たぶにあたる部位がはれているようです。

**A** 耳たぶ（耳介）の血管が破損して内出血が起こり、それによる血腫が発生している疑いがあります。血管が破損した原因は、耳をかいたり首を振ったりして耳たぶの血管に圧力が加わったり、壁に耳を強くぶつけたことなどでしょう。また、血腫は「免疫介在症の病気」ともいわれています。いずれにしろ、病院に行きましょう。放っておくと、熱や痛みまで現れてきますし、何度も再発します。また、すぐに治療しないと、耳が変形してしまうこともあります。

## Q 007 最近、家族の声に反応してくれなくなりました。イヌにも耳が遠くなることがあるのですか。

**A** 人間と同様、年をとったイヌは聴覚や視覚などが衰えてきます。ただし、そのほかにも耳が遠くなる原因があります。耳の毛が耳穴をふさいでいる場合、外耳炎や中耳炎の病気にかかった場合などです。また、これらの病気を治した後に、後遺症として耳が遠くなる場合もあります。もちろん、特に注意が必要なのは、外耳炎や中耳炎などの病気にかかって起こる難聴の場合です。耳をかいたり耳だれが出たりといった症状がないかチェックし、気になる点があれば病院でみてもらいましょう。

## 目の異常と手入れ

### Q 008 涙の状態は、健康なときと病気のときとで違いはあるのでしょうか。あるならば、ぜひ教えてください。

**A** 涙・目ヤニの出かたや状態をチェックすることで、病気の有無を知ることができます。まず、健康なイヌの涙は、目をうるおして汚れを取った後、スムーズに鼻へ流れていきます。一方、目からあふれ出てしまっている涙は要注意です。そんなときは、目に当たる逆さまつ毛や周囲の毛がないか、よくチェックします。もしそんな毛がない場合は、目の病気にかかっていると思ってほぼ間違いありません。結膜炎（問15参照）や角膜炎（問11参照）、眼瞼《がんけん》炎《えん》（問14参照）などが疑われますから、医師にみてもらいましょう。また、シーズーのように目が大きくて鼻が短い犬種は、涙の量が生まれつき多いことから、流涙症（涙やけ）が発生しやすいといわれています。その防止のためにも、涙に気づいたときには、ぬるま湯で湿らせた脱脂綿やガーゼで拭き取ってあげましょう。

## Q 009 目ヤニの状態は、健康なときと病気のときとで違いはあるのでしょうか。あるならば、ぜひ教えてください。

**A** 目ヤニをチェックするポイントは、色と粘り気をみることです。白っぽい目ヤニが少しぐらい出るのは、まったく心配いりません。単に空中に飛ぶホコリなどの刺激によって出てきた目ヤニですから、湿らせた脱脂綿やガーゼで拭き取ってあげれば処置はじゅうぶんです。しかし、黄色くて粘り気のある目ヤニが逆さまつ毛もないのに出ていたら、結膜炎（問15参照）や角膜炎（問11参照）、眼瞼炎（問14参照）といった目の病気だけでなく、さまざまな内臓疾患や重い伝染病（ジステンパー）の疑いまで出てきます。すぐに病院でみてもらいましょう。

## Q 010 目をかゆがっているようです。どうすればいいのでしょうか。

**A** どこかにこすりつけたり、前足でかいたりしていませんか？まず、異物が入っていないか確認し、あれば取り除きます。これでかゆみがおさまったならば放置しておいて構いません。しかし症状の改善がなければ、ほかの原因があるか調べてもらうために病院に行きましょう。一方、目に異物がない場合は、すぐに病院でみてもらうしかありません。

## Q 011 目の表面全体が白くなって、かなりかゆがっています。何かの病気と関係あるのでしょうか。

**A** こうした症状が出たら、目の表面にある角膜に炎症が起きている場合（角膜炎）がほとんどです。原因としてあげられるものは、まつ毛や目の周囲の毛からの刺激、目に入ったゴミやシャンプー、アレルギーや細菌の感染など、実にさまざまです。失明の心配はさほどありませんが、とりあえずは医師の診察を受けて適切な治療を受けましょう。伝染性の肝炎の末期にも、同じような症状がまれに出ることがあります。

## Q 012 黒目の奥のほうが白く濁っています。何かの病気と関係あるのでしょうか。

**A** 水晶体に異常が発生して、白内障にかかっているといえます。そのうち視力が低下してきて、ふらふらと歩いたり家具にぶつかったりするようになります。それでも飼い主が放置していると、失明してしまいます。早めの段階ならば点眼薬などで進行を止めることができるので、白濁に気づいたらすぐに医師に相談してください。また、老犬になったら、定期的に検査を受けることをおすすめします。

## Q 013 白目の色が黄色くなっているのですが。

**A** レプトスピラ症という細菌感染症や、肝臓病からくる黄疸のせいで現れたと考えられます。前者は、ワクチン接種を受けていれば予防できているはずです。一方の肝臓病だとしても、黄疸が出るということは、病状がかなり進んでいるサインです。ですから、至急病院でみてもらいましょう。

## Q 014 まぶたがただれていて、少し腫れてきました。どうすればいいのでしょうか。

**A** まぶた周辺の皮膚炎によって引き起こされた、眼瞼炎というまぶたの炎症です。放置しておくと慢性化しやすい病気なので、至急病院でみてもらいましょう。かゆみや痛みのせいで、イヌはかいたりこすったりしたがるはずですから、病院に着くまでの間はなるべくそうさせない努力をしましょう。最も簡単な方法は、エリザベスカラーを着ける方法です。

## Q 015 まぶたの周囲や白目の部分が赤くはれぼったいようです。涙や目ヤニも出ています。

**A** 問11にあるような、刺激によって起こった結膜炎でしょう。目の中に異物があれば取り除き、ぬるま湯に浸した脱脂綿で目を拭いてあげます。それでも症状が改善しない場合、あるいは目をかゆがってかいている場合は、医師にみてもらいましょう。

## Q 016 目の充血がよくみられます。目薬をさしてあげれば大丈夫でしょうか。

**A** 充血していることよりも、充血を生み出している原因を究明することのほうがたいせつです。目をかゆがったり、目ヤニの有無や量など、そのほかの症状もよく観察して、一度医師に相談をしてみましょう。

## Q 017 最近、ピンク色のものが目の中の内側に出ていて気になっています。

**A** 上下のまぶたのほかに、イヌには外からは見えないまぶた（瞬膜《しゅんまく》、第3眼瞼）があります。本来は見えないはずのこのまぶたが、さまざまな原因で目頭から外に出てくるのが、瞬膜露出症（チェリーアイ）という病気です。残念ながら、市販のイヌ用目薬では、効果はあまり期待できません。そのままにしておくとイヌが目をこすってしまい、新たに目の炎症を引き起こす可能性があります。早めに病院に行きましょう。

## Q 018 目を開きづらそうにしています。どうしてあげればいいでしょうか。

**A** 目ヤニの有無を確認し、もしあれば脱脂綿をぬるま湯で湿らせたものを使って拭き取ってあげます。しかし、目ヤニ自体がなかったり目ヤニを取っても問題が解決されなければ、眼球の機能に異常が起きているかもしれません。医師に早めにみてもらうようおすすめします。

## Q 019 片目だけ瞳孔が小さくなり、まぶたまで垂れてきました。痛がっていないのが不思議です。

**A** これは、目の病気ではなく、ホーナー症候群という神経の病気でしょう。椎間板の首の部分の損傷、外耳炎などいろいろな病気の悪影響によって、首から目の周辺まで走る神経に異常が起きているのです。まずは、神経に異常を起こさせる原因となっている病気のほうを治療します。その治療の間、首から目の周辺をマッサージする方法を、医師の指示を仰ぎながら家庭でするのもいいでしょう。

# 鼻の異常と手入れ

## Q 020 鼻血が出てきました。どうすれば止まるのでしょうか。

**A** 人間の場合のように、脱脂綿などを鼻につめるのは危険なのでしてはいけません。健康なイヌならば、少しの鼻血は安静にしているだけでも止まります。しばらく様子をみて止まる気配がないときは、その鼻血の

原因となっている病気を確認するためにも、早めに病院に連れてい行きましょう。

## Q 021 いつもはぬれている鼻が乾いているようです。どこか調子が悪いのでしょうか。

**A** チンなどの特殊な犬種を除き、確かに普段のイヌの鼻は湿って冷たくなっています。しかし、寝ているときや寝起きならば、乾いていても心配いりません。注意が必要なのは、起きてしばらくたっているのに、鼻先が乾いてカサカサになっているときです。まず、検温して体温を調べましょう。熱がなければ、たいていのケースは栄養不足です。しかし熱があるとなると、「どこか調子が悪い」というような状態ではありません。日射病や熱射病、犬ジステンパーなどの病気が疑われます。

いずれも、治療が遅くなってはいけない病気です。病院に行く道中では、呼吸やヨダレの状態、咳やくしゃみの有無など、ほかの症状がないかよく確認しておきましょう。

## Q 022 普段の呼吸は静かなのに、たまに鼻をグーグー鳴らします。

**A** 考えられるのは、鼻の中に炎症や腫瘍が発生している可能性です。鼻血も出ているならば、その確率は高いでしょう。放っておいて悪化すると、鼻に膿がたまってきます。すぐに病院へ行ったほうがいいでしょう。

## Q 023 透明な鼻水が、鼻の穴から少し出ているようです。カゼでしょうか。

**A** それだけの症状だったら、そのままにしておいても心配はないでしょう。ただ、鼻水が垂れるぐらい出ていたり、粘り気のある鼻水が出ている場合には、鼻炎などの病気が発生しているはずなので病院に早めに行きましょう。

## Q 024 ちょっと黄色くて粘り気のある鼻水が出ています。これもやはりカゼでしょうか。

**A** 8種混合のワクチン接種（【制度】の項目問90参照）を受けましたか。もし受けていなければ、これは犬ジステンパーという重い感染症の症状である可能性があります。高熱があったり下痢などがあれば、その確率はさらに高まります。大至急病院に行きましょう。

## Q 025 散歩の途中に、ほかのイヌの排泄物に鼻がつくほどに近づいて臭いをかいでいます。お客様の股間に鼻を押しつけたりすることもあります。どうしてなのでしょうか。

**A** イヌは、嗅粘膜に分布する嗅神経のほかに鋤鼻《じょび》器官という特殊な嗅覚器官を利用し、見知らぬ相手を調査します。他のイヌの排泄物の臭いを嗅ぐということも、とても重要な情報収集をしている行為なのです。イヌというものは、排便後に肛門両側の特別な臭腺から分泌物を搾り出します。あなたの飼いイヌは、この分泌物の臭いをかいで相手の性別を判別しているわけです。そして、それが雄のものなら相手がどれくらい立派かを、雌のものなら発情期が近いのか真っ最中なのかを、知ることができるのです。

# 口の異常と手入れ

## Q 026 2歳のイヌを飼っているのですが、歯の根元が茶色くなってしまいました。これは何ですか。

**A** 今まで、歯磨きをきちんとしてあげていましたか。たいてい、飼い主がイヌの歯を磨くのを怠っていると、2〜3歳ごろに歯の根元から歯垢が付着し、問にあるように茶色く変色してきます。この時点ならば、これから定期的に歯を磨いて歯垢を落とすことは可能です。（【日常生活】の項目問26）を参考にして、歯磨きをしっかりしてあげましょう。そのまま放っておくと、より落としづらい歯石になってしまいます。そして、歯肉炎などの病気の原因となってしまいます。

## Q 027 口の周りが赤くなり、かゆがっているようです。やはり病院につれていくべきでしょうか。

**A** まず、現在使っている食器がプラスチック製ならば、ステンレス性のものに替えてみましょう。というのも、プラスチックが原因の接触性アレルギーがあるからです。これで症状がなくなれば問題はないのですが、食器を替えてもかゆみがおさまらない場合は、皮膚病の可能性が出てきます。口の周り・目の周りなどは、イヌのアトピー性皮膚炎で最初にかゆみが現れやすい部位です。適切な治療のためには、かゆみの真の原因を確認することが重要です。病院でみてもらいましょう。

## Q 028 生後4カ月の子イヌですが、乳歯と並んで永久歯が生えてきています。放っておいてもいいですか。

**A** 子イヌの乳歯は、生後3カ月頃から永久歯に生え換わります。乳歯がぐらついているならば、エサやおやつを食べるうちに自然と抜け落ちるでしょう。その後も放っておいて大丈夫です。しかし、抜ける気配のない乳歯の場合は、病院で抜いてもらうほうが無難です。そのままにしておくとかみ合わせが悪いうえ、歯周炎などの病気を引き起こす可能性があるからです。

## Q 029 ヨダレが多くて口臭があります。歯ぐきには赤く腫れたところがあります。これはどんな病気ですか。

**A** 口内炎です。赤い腫れは舌にもでき、出血することもあります。異物が口内に入るなどの刺激でも起こりますが、全身疾

患の症状としても発生します。治療には、ビタミン剤やヨード系の消毒剤、抗生物質などが使われます。家庭で注意すべき点は、痛みのせいで食事がスムーズにいかないので、熱すぎたり冷たすぎるものは控え、軟らかい状態のエサを与えましょう。

### Q 030 かなり多い量のヨダレを流しています。病気の可能性があるのでしょうか。

**A** イヌが自分の口の中の異物を取り除こうとすると、舌をよく動かすのでヨダレがたくさん流れます。ですから、まずは口の中をみて、異物があれば取り除きます。イヌが嫌がるならば、病院で取ってもらいます。しかし、異物がない場合は、病気の可能性が出てきます。特に、ヨダレが泡状になっていたり血が混じっている場合、吐き気や口臭をともなっている場合などは、さまざまな病気の症状として現れているのですから、すぐに医師にみてもらってください。

## Q 031 突然、口が閉まらなくなってしまいました。どうすればいいのかわかりません。

**A** まず、歯に異物がはさまっていれば、異物を取り除いてあげましょう。これだけで口を閉じられようになるケースは少なくありません。歯に異物がない場合は、固形物を食べられるかどうかチェックしてみましょう。食べられなかったり食べづらそうにしているならば、あごの骨折や脱きゅうの疑いがあります。病院で外科的治療を受けましょう。

## Q 032 咳をよくしています。カゼでしょうか。

**A** 確かに、カゼの症状として、咳は代表的なものです。しかし、カゼよりもずっと重い心臓病の場合でも、咳はよくみられる症状です。呼吸器・気管支に大きな異常があることもじゅうぶんに考えられます。ですから、咳を甘くみることなく、早めに病院でみてもらうことをおすすめします。また、まれな例としては、何も病気がなくても飼い主に構ってもらいたいという気持ちから、仮病の咳をするイヌもいるようです。

## Q 033 くしゃみと病気は、どの程度の関係があるのでしょうか。

**A** 病気の心配がないケースは、おおむね次のようなときに出るくしゃみです。朝起きたときの2〜3回のくしゃみ、乾燥した場所で行った運動や散歩などの際に1〜2回する程度のくしゃみ、イヌを仰向けにしているときのくしゃみ。一方、病気との関係に注意すべきくしゃみは、次のようなものです。しばらく続いては、ときどき止むくしゃみ。鼻水や鼻血もみられるときにするくしゃみ。頭を振ったりしてはするくしゃみ。これらの場合は、鼻や呼吸器などの病気の症状として出ているので、診察を受けましょう。

## Q 034 いつもと比べて、唇が腫れているようです。病院に連れて行くべきでしょうか。

**A** 唇に炎症が起きているはずです。ブルドッグやパグなどの短頭種に発生しやすい病気です。そのうちイヌはかゆみを感じて、唇をひっかき始めます。唇のケガや草むらでの植物種子との接触、プラスチック食器へのアレルギーなどが原因です。医師からの適切な指示を仰げば、治るまでにそれほど時間はかからない病気です。

## Q 035 深くゆったりとした呼吸ですが、息を吸うのが苦しそうです。

**A** さらに、首を伸ばして苦しそうにしたり、何かを吐き出すような仕種をしていたら、異物がのどに詰まっているのでしょう。しかし、おそらく飼い主が異物を取り出すことは困難でしょう。至急、医師にみてもらうのがいちばんです。まれに、肥満、高齢、先天的なものからくる気管がつぶれる病気の場合もあります。

## Q 036 浅く早い呼吸をしていて、いかにも苦しそうです。

**A** 口を開けたままでいたり、イヌを横にしようとすると嫌がるならば、ほぼ間違いなく気管や気管支、肺、循環器などに障害があります。飼い主が甘くみて放置しておくと、唇や舌の色が紫色になる酸欠状態に陥り、大変危険です。すぐに医師の診察を受けましょう。

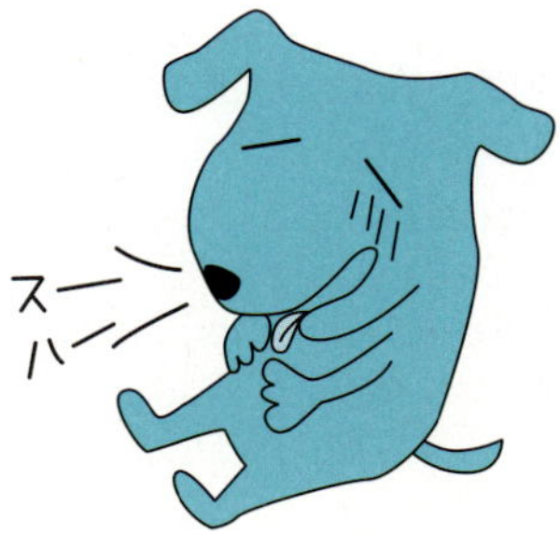

**Q 037** **甘えるような鳴き声をするのですが、元気がありません。病気でしょうか。**

**A** 飼い主ならば普段の鳴き声がわかっているでしょうから、その変化も病気を知るための判断材料になります。問にあるように元気がなく、背中を丸めてうずくまったり、動きの悪さが気になれば、内科的な病気の疑いがあります。また、しゃがれた鳴き声であれば、咽喉頭炎（ウイルスや細菌、動物の骨などの刺激で気管の入口に炎症ができる病気）の可能性があります。さらに、大きな鳴き声で激痛を訴え、動かそうとすると痛がる場合には、骨折や脱きゅう、結石や外傷などがあると思われます。これらの病気の治療は医師にまかせるべきですから、早めに病院に行きましょう。

# 足の異常と手入れ

**Q 038** **足先の指の辺りをなめたりかんだりしています。そのほかの部位や健康状態に異常はありません。なぜ足先を気にしているのでしょうか。**

**A** 足の指と指の間に皮膚炎が起こっていませんか。特に長毛種の指の間は、毛が密生しているのでシャンプー剤や水分が残りやすく、皮膚炎になりやすいところです。指の間の毛は、普段から短く切る手入れをしてあげましょう。

**Q 039 以前と比べて、肉球がカサカサになって硬くなり、ひび割れがみられます。病院に連れて行くべきですか。**

**A** ひび割れの原因となっている病気がある場合のほかにも、冬場の乾燥時や栄養状態が悪いときなどに、こうした症状が現れます。まずは、ビタミンA、$B_2$、$B_6$、Dなどを含んだ軟こうやオリーブ油を1日1〜2回肉球に塗り、その上を包帯で巻いておきます。それでも症状が改善しない場合は、ひび割れの原因となっている病気がないか、医師に診察してもらいましょう。

**Q 040 キャップのあいたマジックを踏んだので、足の裏の肉球の部分にインクがついています。どのようにして取ってあげればいいですか。**

**A** マジックのインクや溶けたアスファルトなどの油脂性の異物が足裏にある場合は、オリーブ油などの食用油を脱脂綿につけて拭き取ってあげましょう。その後さらに、低刺激の化粧石けん

などで肉球を洗い、親水性の軟こうをつけてあげます。ベンジン系の揮発油は使ってはいけません。

## Q 041 足の裏に汗が出ています。どう対処してあげればいいですか。

**A** イヌは、緊張しているときなどに足裏の肉球に汗をかきます。初めてみると少し驚く方もいるようですが、これは別に異常ではありません。イヌは、人間のように皮膚の汗腺が発達していません。そのため、足の裏の肉球部分と呼吸によって体温の調整をしているのです。

## Q 042 爪が変な方向に生えてきています。どうすればいいでしょうか。

**A** 爪の内部には、血管と神経が走っています。その爪を一度長く伸ばしてしまうと、内部にある血管と神経までもがいっしょに伸びることになります。ですから、イヌの爪はまめに切ってあげるようにしてください（【日常生活】の問44参照）。問にあるように変な方向に生えた状態ともなると、病院で切ってもらうことになります。飼い主が以前の感覚で切ると、血管を傷つけて出血が止まらなくなることさえあるのです。

## Q 043 後ろ足に指がさらに一本多くはえてきているようです。これは何ですか。どう対処したらよいですか。

**A** イヌの足の指と爪は、ふつうは4本ずつです。しかしときどき、退化したはずの親指や狼爪（後足の上方内側に出てくる爪）が発生するイヌがみられます。このような場合、特に後足に出てきた場合は、歩くときにじゃまにならないように、生後まもなく切除するのがふつうです。ただし、狼爪を切除しない決まりになっている犬種（グレート・ピレネーズなど）もあるようです。

## Q 044 ヒジにタコができています。このままにしておいていいですか。

**A** 特に中型～大型犬でみられる症状です。フセの姿勢など、しゃがむときにできるタコのようなものです。一般的には特に処置は必要としませんが、老犬の場合は回復力がかなり低下しているので、タコをそのまま放置しておくと危険です。ひび割れがおきてしまったり浸出液が出たりして、雑菌の感染を起こす恐れがあります。老犬は、冷たくて硬い床にそのまま寝かせたりするとすぐにタコができてしまいます。人間の場合と同様、老体を配慮して柔らかい毛布などを床に敷き、寝かせてあげましょう。できてしまったタコには、"ワセリン"などを、タコが柔らかくなるまでの毎日、できれば数回たっぷりとすり込んであげてください。

## Q 045 足を引きずったり片足を上げたりと、歩き方が変です。どうすればいいのでしょうか。

**A** まず、イヌの足先と足裏をチェックします。爪が伸びすぎていれば切ります。異物（トゲや木の枝など）が刺さっていれば、その異物を抜いた後にオキシドールやヨード系の消毒薬などで消毒します。切り傷やすり傷も同様に消毒します。こうした処置をしてしばらく様子をみて、もし歩き方が元に戻らなければ医師にみてもらいましょう。また、足先と足の裏に何の異常もないのにイヌがとても痛がるのであれば、骨折や脱きゅう、ねん挫などの疑いがあります。すぐに病院に行きましょう。

## Q 046 腰を左右に揺らしてふらつくように歩き、足に力が入らないような素振りです。片足を上げて歩くこともあります。

**A** 股関節や膝関節の異常、または椎間板ヘルニアの心配があります。至急手術を施す必要があるかもしれません。すぐに病院でみてもらいましょう。

# 肛門・排泄物の異常と手入れ

## Q 047 床や地面におしりをこする仕種をします。なぜでしょうか。

**A** 寄生虫が寄生しているか、または肛門下部の両側にある肛門嚢というふくらみに炎症を起こしているのでしょう。特に、ポメラニアンなどの小型犬は、大型犬と比べて肛門嚢炎にかかりやすいので要注意です。お尻をきれいにして分泌物を絞り出しても症状がよくならなければ、病院でみてもらいましょう（【日常生活】の項目問47参照）。

## Q 048 オチンチンの先から白っぽい液体が出ています。どうすればいいですか。

**A** まずは、しばらく様子をみてみましょう。問のような症状に加えて、オシッコをするときに痛がったり、自分のペニスをなめたりするそぶりがあるか確認しましょう。もしあれば、包皮内に膿がたまっていたり炎症が起こっていることがあります。しかし、こうしたそぶりがみられなければ、病院に連れて行く必要はありません。

## Q049 雄イヌを飼っていますが、どうも睾丸が1つしかないように思えます。今後もこのままにしておいていいですか。

**A** 睾丸は、生まれて1カ月～3カ月以内に陰嚢の中に入っておさまるのが普通です。しかし、片方、または両方の睾丸が、おなかの中などにとどまってしまう場合があります。これをそのままにしておくと、いつか腫瘍となることがあります。はっきりしないときは、医師に相談してみてください。

## Q050 今までよりも、睾丸がちょっと大きくなったように見えます。病気と関係はありますか。

**A** 病気との関係はじゅうぶんに考えられます。睾丸のサイズが一目でわかるほどに大きくなることはまれです。イヌが痛みを感じているようならば、炎症が起きているのではないでしょうか。また、痛みがないようでも、腫瘍ができているかもしれません。医師にみてもらいましょう。

## Q 051 いつもよりも尿の量が多い気がします。病院に連れて行くべきですか。

**A** 尿をする回数が多い場合とともに、腎不全や膀胱炎などの泌尿器の病気の疑いがあります。水を多く飲んでいるなら糖尿病の可能性もあります。いずれにしても、慢性化や再発をしやすく、治療に長期間かかるケースが多い病気です。また、腎臓に障害が起こっていると、血液中の老廃物を処理する機能に悪影響が出て、死に至ることすらあります。ですから、尿の量や色、臭いなどは普段からまめにチェックし、「異常に気づいたらすぐに病院へ」と覚えておきましょう。

## Q 052 1日に何度もオシッコをしようとしますが、なかなか出ないようです。

**A** イヌの下腹部がパンパンに張っていませんか。もし、そうした状態ならば、膀胱炎や尿路結石の可能性があります。大至急病院に行ってください。そして、膀胱炎であれば、抗生物質による治療が始まるはずです。病気の度合いにもよりますが、数週間から数カ月をかけてしっかりと治療してもらわないと、再発の可能性があります。尿路結石の場合は、結石の種類によっては食餌療法で治療可能です。大きければ手術で摘出することになるでしょう。

## Q 053 うちの雄イヌは、両足を地面につけたままオシッコをします。体に何かおかしいところがあるのでしょうか。

**A** 症状がこれだけならば、心配の必要はそれほどありません。そもそも、生まれてまもない子イヌのほとんどは、両足を地

面につけたままオシッコをします。そして成長すると、片足を上げてオシッコをするようになります。実は、この動作をなぜするようになるのかというと、他のイヌがそのようにしていることに影響されているだけなのです。ですからこのイヌの場合は、他のイヌとの接触が少なかったことで、このような仕種をするようになったと考えられます。

## Q 054 便秘のようなのですが、病院に連れて行くべきでしょうか。

**A** まず、肛門をよくみて、イヌ自身の毛が排便の邪魔をしていないかチェックします。また、食事内容や運動不足が原因で起こることがあります。骨やおやつからのカルシウムのとり過ぎ、イモ類・野菜類からの繊維質のとり過ぎなどは、便を固くするので便秘になりやすいのです。また、最近引っ越しをした、イヌのトイレの場所を変えたといったことも便秘の原因になります。これらの点をチェックし、問題があれば解決して2〜3日様子をみましょう。改善されなければ、医師に相談します。一方、ここであげた中に当てはまるものがなければ、骨・神経・腸などの病気が直接の原因だと思われます。

## Q 055 便の回数はいつもとほぼ同じですが、少し軟らかい便が出ます。元気で食欲はあります。

**A** 1回の食事で食べ過ぎたとき、普段と違うものを食べさせたときなどは、健康なイヌでも軟便になることがあります。元気で食欲もあるならば、食事を1〜2回抜いたり、1回の食事量を減らすなどして、翌日まで様子をみてみましょう。2日たっても改善がみられなければ、軟便の原因となっている病気があるのかもしれません。病院でみてもらいましょう。

## Q 056 元気で食欲はあるのですが、水のような便や泥のような便が1日に何度も出ます。

**A** 腸に炎症が起きているか、寄生虫に感染している可能性が考えられます。抗生物質や寄生虫を駆除する薬を投与してもらうなど、適切な治療が必要ですから、いずれにしても医師の診察を

なるべく早く受けましょう。その際、いちばん新しく排泄した便を持っていけば、病気の原因を突き止めることに役立ちます。

## Q 057 悪臭のある下痢や血便だけでなく、嘔吐まで1日に何度も繰り返します。元気や食欲など、ほとんどありません。

**A** すぐに病院に行きましょう。致死率が非常に高いパルボウイルスに感染している可能性があります。この恐ろしい伝染病を予防するためには、感染予防のワクチン接種を定期的に受けることが何よりも重要です。また、このウイルスには長期間生き続ける力があるので、便や嘔吐物があった場所はしっかりと消毒することを忘れずに行ってください。

## Q 058 人間と同じく、イヌの尿路結石も雄イヌのほうが再発しやすいのですか。

**A** 尿路結石に一度かかった雄イヌの4匹に1匹が再発するといわれています。また、そもそもこの病気は、雄のほうがかかり

やすいともいわれています。これは、雄と雌の尿道の形が異なっていることと関係しています。雄の尿道は細くて長く、雌のそれは太くて短くなっています。ですから、たとえ小さな結石でも尿道につまりやすく、尿の出が悪くなりやすいのです。

## Q 059 生まれてまもない子イヌは自力で排便・排尿できないと聞きました。どうすればいいのですか。

**A** ふつうは、母イヌが肛門をなめて刺激するので、飼い主が特に何かをする必要はありません。ただ、母イヌが何もしてあげない場合や母イヌがいない場合は、飼い主が手伝ってあげましょう。ぬるま湯をつけた脱脂綿で子イヌの肛門か、その周囲を軽く刺激するのです。子イヌが便意をもよおす食後や目覚めの後に、トイレの中で行ってあげましょう。

## Q 060 血尿が出てしまった時の応急処置はありますか。

**A** 尿の色をよく確認してください。黒っぽかったりコーヒー色（血色尿素）であれば、フィラリア症や玉ネギ中毒の可能性があります。完全に血の色の場合、腎結石、症状の重い膀胱炎や尿道結石といった重い病気にかかっているのが原因と思われます。いずれの場合も、気がついたらすぐに医師の診察を受けてください。また、病院に行く際、イヌといっしょに尿も空きびんやビニール袋に入れて持参すると、より適切な診断を受けることができます。

# 皮膚・毛の異常と手入れ

## Q 061 毛玉を吐き出しました。病院に行く必要はありますか。今後の予防法も教えてください。

**A** イヌが毛を食べてこうした状況が起こるため、食毛症ともいわれています。毛玉が吐き出されたことで食毛症はほぼ全快ですから、病院に行く必要はありません。しかし今後は、こんなことが起こらないようにしましょう。胃の中に毛が入ったのは、イヌが皮膚にかゆみを感じて、毛をなめたからです。胃にたまった毛は徐々にからまり、毛玉のようにふくらんできます。そして、問のように吐き出されなければ、最悪の場合は開腹手術をしなければなりません。飼い主が普段から毛の手入れをしっかりと行い、毛をなめる行為を少なくしてあげましょう。

## Q 062 お腹の周りの皮膚が赤くなり、小さなブツブツが出始めています。かゆがっているようです。

**A** イヌの寝床の敷物が化学繊維や動物の毛でできているならば、綿のものに替えてみましょう。これらによる刺激で、接触性アレルギーを起こしていることがあるからです。これだけで症状が改善されたなら、その後も問題はありません。ダメな場合は、病院でみてもらいましょう。

## Q 063 フケが多く出て、体をよくかいています。どうしてあげればいいですか。

**A** ダニが寄生していると思われます。そのままにしておくと、飼い主や同居しているほかのペットにも感染することがあるので、甘くみてはいけません。症状をおさえるには、滴下型の駆除剤（病院で処方してくれる液剤）の使用が有効です（注）。同様に、イヌが生活する場所のダニ駆除も行いましょう。さらに、新たな寄生を避けるため、散歩の際にはダニのいる草むらには入れないようにしましょう。

## Q064 おしりから背中にかけての毛が抜けて薄くなっています。かさぶたのようなブツブツも出てきています。

**A** この症状のほとんどの場合が、ノミの唾液に含まれる物質によるアレルギー皮膚炎です。ですから、ノミの駆除を徹底的に行います。最も効果の高い方法は滴下型の駆除剤（問63参照）です。さらに、イヌの体だけでなく、イヌが生活する場所（犬舎・犬舎周囲の土・畳・カーペットなど）でノミの駆除を行います。アレルギー反応や皮膚炎はそのままにしていては治らないので、やはり病院でみてもらいましょう。その後も、ノミ取りブラシなどでノミの寄生がないかチェックを。

## Q065 皮膚がべとついて脂っぽく、赤くなっています。まめにシャンプーをしないと臭いもします。しかも、かゆいようです。

**A** 脂漏症皮膚病の疑いがあります。このように皮膚がべとつく場合、逆にかさついてフケが大量に出る場合があります。発症原因としては、先天的な体質から発生したり、内分泌の障害や各種アレルギーが原因で起こったりするといわれています。原因を特定するには、病院でみてもらうほうがいいでしょう。治療には、症状に合わせたシャンプーやオイル、栄養剤やホルモン剤などが使われます。ただ、すでにアレルギー体質だとわかっている場合には、人間と同じ食べ物を与えることをやめてアレルギー用のドッグフードを与えると、症状が和らぐこともあるようです。

**063注** このほかに、病院で処方してくれるものには飲み薬があります。市販されているものとしては、スプレー式、ムース状の駆除剤、シャンプーなどがあります。飲み薬と駆除剤は安全で効果があるといえるでしょう。シャンプーは、「予防のために普段の入浴の際に使うもの」と考えてください。

## Q 066 ブラッシングを強くしすぎたため、皮膚が赤くなってしまいました。入浴させてもいいですか。

**A** 出血がなければ入浴させてもいいと思われがちですが、その前に一度医師にみてもらうのがいいでしょう。というのも、ブラシによって発生した皮膚炎の場合には、たとえ出血がみられなくても、目にみえない細かい傷がついている可能性があるのです。そんな状態のまま入浴させれば、細菌による2次感染を引き起こしやすくなります。気をつけましょう。

## Q 067 目や口の周りのシワの部分が赤くなり、かゆがっているようです。

**A** ブルドッグやパグなど、顔の皮膚にシワが多い犬種では、シワの中の部分が空気に触れるのは難しい状態になっています。涙やヨダレが流れた後に放っておけば、それらがついたシワの

部分に湿気が残り、さらにシワの部分がこすれることで炎症が発生します（注）。こうした症状が出た場合には、シワの部分の毛を短く切って、水分が残りやすい部分をよく拭いて乾燥させてあげましょう。かゆみが改善しない場合、医師に相談すれば、症状を和らげる薬などを出してくれるでしょう。

## Q 068 目や口の周りにニキビのようなものができ、毛が抜けて膿が出始めました。かゆみはあまりないようです。

**A** 毛包虫（ニキビダニ）の寄生による皮膚炎と思われます。毛包虫は、母イヌから子イヌへ感染することが多くあり、健康なイヌにも少しは寄生しています。しかし、免疫力の低下などによって、発症するイヌがいるわけです。たいていは顔から発症し、そのままにしておくと全身にまで範囲が広がることがあります。膿が出ることが特徴ですが、ほかの皮膚病とまぎらわしいこともあり、病院でみてもらうことをおすすめします。難治性の皮膚炎です。

## Q 069 全身の毛が左右対称に抜けてきました。かゆみは少なく、食欲や元気はあるようです。

**A** ホルモン異常など、内因性皮膚病の代表的な症状です。内分泌に異常があることが多く、外から薬を塗っても治ることはありません。しかも、見た目の問題だけではなく、命に関わる危険がイヌの体内で起こっていることがあります。なるべく早く、病院で治療を受け始めましょう。

**067注** 涙やヨダレがつく顔面だけでなく、オシッコがつく外陰部や尾などにも同様の炎症が発生することがあります。いずれにしても、予防・治療に大切なことは、皮膚が湿った状態にならないようにしてあげること。

## Q 070 全身の毛が大量に抜けてきています。皮膚の病気でしょうか。

**A** 毛の抜ける時期が季節の変わり目ならば、冬毛と夏毛の換毛期という生理的な理由から起こっている場合もあります。しばらく様子をみて、そのほかの異常がなければ病気の心配はいりません。しかし、少しでも様子がおかしいと思われる場合には、皮膚病の可能性があるのですぐに病院でみてもらいましょう。左右対称に脱毛していたり（問69参照）、全体的な脱毛で地肌があらわになって皮膚の色が変色していたり、地肌から悪臭を伴っているような場合（問65参照）などは、なるべく早く病院でみてもらってあげてください。

## Q 071 頭の毛が円い形にスポッと抜けてしまいました。フケは出ていますが、かゆみは少ないようです。

**A** 真菌（カビ）がイヌに感染したことで起こる皮膚炎でしょう。伝染性のある皮膚病です。ですから、何匹かのイヌやネコなどを飼っているならば、この症状をみせたイヌとは遊ばせないようにしましょう。また、人間にもうつりますので、なるべく早く医師にみてもらいましょう。

## Q 072 皮膚に弾力がなく、つまんでもすぐに元に戻りません。また、元気もありません。どうすればいいでしょうか。

**A** 皮膚の病気よりも、全身的な脱水を起こしていると思われます。皮膚をつまんですぐに戻らないのは、脱水の代表的な症状の一つです。そのほかにも、目や口の粘膜の乾燥、口臭、食欲減退などの症状が出ているはずです。まず、じゅうぶんな水分を補給させましょう。そして様子をみて、症状が改善しないようならば医師の診察を受けるようにしましょう。

## Q 073 アトピー性皮膚炎になりやすい犬種があると聞きました。本当でしたら、日頃の注意のために教えてください。

**A** イヌのアトピー性皮膚炎は、最近増加してきています。テリア、セッター、レトリーバー系、パグやダルメシアン、柴犬などがかかりやすいといわれています。また、雄よりも雌のほうがかかりやすいとの意見もあります。この病気は遺伝性である場合が多く、原因となるアレルゲンを取り除けば症状は改善されます。ただ、慢性化や再発が多い病気ですから、医師との相談のうえで長期

間の治療が必要な病気でもあります。まずは、ホコリやダニなどのアレルゲンとなりうる物質をイヌから遠ざけるため、こまめな掃除を心がけてください。

## Q 074 うちのイヌには、ノミに対する内服薬を初夏から秋にかけて飲ませています。しかし親戚の飼っているイヌは、かかりつけの医師からのアドバイスで1年中飲んでいるといいます。なぜこのような違いがあるのですか。

**A** それぞれのイヌの状態をみたうえで、ベストの方法をとらない医師はいません。ですから、自分の飼いイヌについてきちんと医師と話をしているならば、こうした違いがあっても心配はいりません。ちなみにこの場合は、親戚の方が常に温度が高い室内でイヌを飼っているために、ノミの卵・幼虫の発育を1年中防ぐためだとも考えられます。

## Q 075 イヌの病気、特に皮膚病などは、なでたり抱いたりする人間にも伝染する気がします。実際は、どうなのですか。

**A** 過度に神経質になって恐れることはありませんが、イヌに寄生する虫の中には人間に被害を及ぼすものも確かにあります。ノミやツメダニ、センコウヒゼンダニなどによって皮膚病にかかったイヌを抱いたりすると、人間にうつったりすることも実際にあり得ます。人間が刺されると、イヌと同様に激しいかゆみをともなって発疹が出てきます。このような場合は、すみやかに皮膚科の先生にみてもらいましょう。

# 全身の異常と手入れ

## Q 076 太っているイヌは、やはり病気にかかりやすいのですか。

**A** どんな動物でも肥満は大敵です。もちろんイヌの肥満も、糖尿病、心臓病、肝機能の低下など、さまざまな病気を引き起こす原因になりかねません。日頃からイヌをよく観察して肥満にならないように心がけ、イヌの食事や運動を管理してあげましょう。

## Q 077 イヌの肥満のチェックはどのようにすればいいのですか。

**A** 赤ちゃんから飼っているイヌの場合、1〜2歳ぐらいのときに体重を測って、記録しておきましょう。この頃のイヌに肥満がみられることは少なく、成犬にほど近い青年期にはいっているの

で、その時点での体重が“理想体重”となります。理想体重を15%以上超えてしまうと、注意が必要です。体重計の数値を毎日みるのはたいへんでしょうから、飼い主がイヌの体を直接触ってチェックするのもいいでしょう。これは肋骨周辺についた脂肪で肥満を判断するやりかたです。背骨の頂点から両手でイヌの胴体を包み込むようにし、指を肋骨にそって尾てい骨の辺りまではわせます。肋骨が容易に判別できれば大丈夫ですが、もしもクッションのような感覚があれば肥満です。

## Q 078 太ったイヌのダイエットは、どのような計画をたてればいいのですか。

**A** 人間と同じで、イヌも急激なダイエットはいけません。まずは、食事の改善をしていきましょう。栄養バランスがよく、低カロリーなドライフードに切り替えます。与える量については、最初の2週間はエサの入れ物に記載されている適正量の2/3ぐらいを与えて様子をみます。このペースに慣れてきたら、4週目くらいまでに食事量を適正量の1／2に減らします。食事回数は、朝、昼、晩の3回に分けて与えます。このように食事の回数を増やすことは、空腹感からくるストレス解消に役立ちます。また、新しい味になじむまでに時間がかかる習性があるので、ドライフードのメーカーを変えると、自然に食事の量が減ることもあります。さらにこうした食事療法と並行して、運動量のほうも増やします。ただし、かなり肥満が進行している場合は、心臓や関節に無理な負担をかける恐れがあるので、医師と相談しながら慎重に運動スケジュールを組みましょう。

## Q 079 最近、食欲がないのに太り始めています。さらに、元気がなくて疲れやすく、毛がよく抜けます。うちのイヌはいったいどうしたのでしょうか。

**A** 甲状腺機能低下症の疑いがあります。文字通り、甲状腺（ホルモンを分泌する内分泌腺の一つ）に何らかの異常が発生して、機能が低下しているのです。これは、イヌのホルモン系の病気

の中では最もよくみられるもので、特にゴールデン・レトリーバーやブルドッグ、ビーグルなどに発病しやすいようです。医師の指示に従って甲状腺ホルモン薬を飲ませれば、たいていの場合はよくなりますから、早めに診察を受けましょう。その際は、食事やシャンプー類などについても医師からアドバイスを受けるようにおすすめします。

## Q 080 うろうろと動き回って落ち着きがなくなり、神経質になっているようです。元気も食欲もあるのですが、体重は減っています。

**A** 問79のケース（甲状腺機能低下症）とは逆の、甲状腺機能亢進症の疑いがあります。元気があるために発見されにくい病気ですが、普段のイヌの様子の観察と定期的な体重測定を行っていれば気づくことができるはずです。また、下痢や多飲多尿、心拍数や呼吸数の増加などの症状が現れることもあります。治療を受けないでいると、とてもやせ細ってきて臓器に障害が起こることになります。また、予防薬の投与をしていないのなら、フィラリア症の疑いもあります。いずれにしろ、気になるところがあれば、病院で検査を受けるようにしましょう。

## Q 081 飼いイヌにストレスがたまっていないか心配です。ストレスのたまり具合をチェックするための方法があれば教えてください。

**A** 飼い主ならばすぐにわかる、3つのチェック項目をご紹介しましょう。①低い声でよく鳴いていないか。②体中をなめたり、自分の毛をむしったりしていないか。③うろうろと同じ行動を

繰り返し続けたりしていないか。当てはまる項目があれば、かかりつけの医師に相談してみましょう。ストレスは、免疫力（病気への抵抗力）の低下や皮膚病などの原因となります。人間同様、イヌにとってもストレスをためないほうがいいのはいうまでもありません。

## Q 082 イヌもガンになるのですか。

**A** なります。しかも、動物の中でも比較的ガンにかかりやすい傾向があるのです。人間と同様、高齢になるほどガンの発生率は高くなります。8歳以上の高齢犬を飼っている場合は、特に健康管理に気を配ってやる必要があります。定期健診もまめに行って、早期発見を心がけましょう。

## Q 083 うちの6歳のイヌは、散歩や運動の際中に突然座り込み、もうろうとすることが多いのです。年齢のせいでしょうか。

**A** 確かに年をとると疲れやすくなりますが、それよりももっと重視すべき点があります。問にある症状は、心臓病による血流不調から起こる貧血と考えられます。また、呼吸が苦しそうな素振りや咳、口や目の粘膜の色の変化がみられるならば、心臓病である疑いはより強まります。念のため、早めに病院でみてもらうことをおすすめします。普段の生活では、極端に暑かったり寒かったりするときの散歩時刻を変更して、エアコンからの風が直接当たらない場所に寝かすようにしましょう。

## Q 084 突然、足を硬直させて全身のけいれんを起こし、意識を失ってしまいました。どうすればいいのでしょうか。

**A** 一時的に意識を失っても、数分もすれば元に戻りますから慌てないようにしましょう。疑われる病名としては、脳の異常や先天性のてんかん、血液中の糖分が著しく低下した低血糖症、循環不全による脳貧血など、さまざまなものがあります。意識が戻ったあとは速やかに病院へ行きましょう。

## Q 085 子イヌのおなかの真ん中、おへそ辺りが、出べそのようにちょっとふくらんでいるようです。何かの病気にかかっているのでしょうか。

**A** ほかにおかしいところがないならば、へそヘルニアであるかもしれません。原因については諸説あり、先天性であるとか、

母イヌから生まれるときにへその緒が傷つけられたりすることによって起こるとかいわれています。いずれにしても、成犬よりも子イヌのときに発見されやすい病気です。医師の診断が緊急に必要なケースはごくまれですから、次に病院に行ったときに医師に相談すればいいでしょう。



# その他の異常と手入れ

## Q 086 「ケガの応急処置は保定してからのほうがいい」と聞きますが、その簡単な方法を教えてください。

**A** ブルドック・パグなどの短頭種の場合は、少し厚手のタオルを首に巻き、そのタオルを片手で持ちながら、もう一方の手で処置します。シェパード・ハウンド系などの長頭種の場合は、市

販のむだ吠え防止用口輪を使うと便利です。外出中ならば、ひもやネクタイなどを使います。口を2〜3回巻いて開かないようにして、あごの下から首にひもを回して後頭部で結び合わせます。

## Q 087 病院に行くまでに出血を止めるための応急処置を教えてください。

**A** 圧迫法と緊縛法という2つの方法があります。圧迫法とは、傷口をガーゼやハンカチなどで直接強く押さえつける方法です。一方の緊縛法は、傷口よりも心臓に近いところをひもなどで縛る方法です。ただし長時間そのままにしておくと、血液循環が悪化して細胞組織を壊すことがあるので、約10分おきにひもをゆるめましょう。ガーゼやひもなどを持っていないときには、傷口よりも心臓に近い側の血管を指で押さえる方法（指圧法）もあります。いずれの処置にしても、出血の痛みなどでイヌが暴れたり咬むことがあるので、保定（問86参照）してから行うほうがいいでしょう。

## Q 088 いざというときのために、人工呼吸や心臓マッサージのやり方を教えてください。

**A** イヌが無呼吸状態で、心臓が動いていれば人工呼吸を、心臓が停止していれば心臓マッサージを行います。いずれも、まずイヌを横向きに寝かせて首をまっすぐに伸ばし、舌を引き出して気道を確保します。首輪やリードははずしましょう。手を筒状にして空気がもれないようにイヌの口を包み、鼻をつかみます。そして、鼻の穴に約3秒間息を吹き込み、唇を離して自然に息を吐き出させます。この動作を、イヌが自力で呼吸可能になるまで繰り返します。心臓マッサージは、前述の姿勢をとらせた後、イヌの左胸部分（左前足のひじ後ろ）に両手を重ね当て、1秒間隔で圧迫するマッサージを10回行います。そして人工呼吸を行って息を吐いたら、再び心臓マッサージを行います。心拍数の回復まで、人工呼吸と心臓マッサージを繰り返します。

## Q 089 プラスチック製のオモチャを飲み込んでしまいました。取り出し方を教えてください。

**A** 気づいたらすぐにイヌの上あごをつかんで口を開けさせ、舌を引っ張り出してのどの奥をみます。異物を確認したら、ピンセットや箸などで素早く取り出します。飲み込んでしまった場合には、すぐに病院でみてもらいます。そのままにしておくと、異物が腸につまって、腸閉塞を引き起こすことがあります。イヌにはもともと口に入れたものを飲み込んでしまうという習性があります。また、好奇心旺盛な子イヌなどは、うっかり異物を飲み込んでしまうこともあります。ですから、イヌが飲み込みそうなものを床に置かないように気を付けるなど、じゅうぶんな配慮をしてあげましょう。

## Q 090 床用ワックスを飲み込んでしまいました。無理やりにでも吐かせたほうがいいのですか。

**A** 床用ワックスなどの石油系溶剤を飲み込んでしまった場合、ショック状態を起こして呼吸が止まってしまうことがあります。そのときはあわてず、人工呼吸、心臓マッサージをします（問88参照）。呼吸をしている場合、気道を塞がないように注意してください。イヌの頭を少しうつむくような姿勢で支え、水で口内をじゅうぶんに洗浄します。また、これらはあくまでも応急処置なので、吐き出したものを持って必ず医師にみてもらう必要があります。そのときはあらかじめ連絡して、飲み込んだ製品の名称や成分などを知らせておくといいでしょう。車の不凍液や排水管洗浄液を飲んだ場合にも、同様の処置をしてください。

## Q 091 足の皮膚にすり傷をつくってしまいました。出血はごくわずかです。病院に行かなくてもすり傷を治す方法はありませんか。

**A** 軽いすり傷程度ならば自然と治ります。まずは止血（問87参照）を行い、傷口を水でよく洗い流してオキシフルやイソジンなどで消毒し、包帯を巻いておきましょう。ただ、傷の大きさや深さによっては縫わなければならないので、その必要があるかどうかわからなければ病院に行きましょう。

## Q 092 家でイヌとともに飼っているネコにかまれました。どのような処置をすればいいでしょうか。

**A** イヌは、傷を負ったショックとかまれたショックとで、たいへん興奮しています。応急処置をスムーズに行うためにも、まずは口輪をして保定します。そして、傷跡をよく確認するために傷口周辺の毛を刈ります。傷口からひどい出血をしていなければ、オキシフルで丁寧に消毒してから、そのままの状態で医師にみてもらいます。出血がひどい場合は止血（問87参照）します。もしも傷口が深いようなら、即刻医師に縫合してもらわなければなりません。

**Q 093 道ばたで、見知らぬイヌにうちのイヌがかまれてしまいました。病院に行くほうがいいのでしょうか。**

**A** 動物の口の中は、雑菌がいっぱいです。かまれた箇所に傷を負っているようであれば、小さな傷でもオキシフルなどで消毒して、病院でみてもらってください。また、イヌがとても興奮している場合、飼い主にかみついてしまう危険もあるのでじゅうぶん注意して対処してください。

**Q 094 シー・ズーやペキニーズは眼球脱出が起こりやすいと聞きました。もしそうなった場合には、病院に行くまでにどのような処置をすればいいのでしょうか。**

**A** まず、あわててパニックに陥らないようにしましょう。そして、氷水に浸したガーゼを患部に当て、さらにその上から氷や冷却剤をあて冷やします。こうして、出血や腫れをできるだけ防ぐのです。その後、急いで病院に行きましょう。

## Q 095 ヒキガエルに近づけてはいけない、というのは本当ですか。もしそうならば、なぜですか。

**A** ヒキガエルの耳下腺からは、イヌに障害を与える毒素が分泌されています。ヒキガエルをなめたりかんだりするとイヌの心臓などに異常が発生し、ときには死んでしまうことまであります。もしもカエルをかんでいるところをみつけたら、すぐに口の中をよく洗って、医師にみてもらいましょう。

## Q 096 庭で遊ばせていたとき、ハチに刺されました。どのような処置をすればいいのでしょうか。

**A** すぐに針を抜きましょう。そのままにしておくと、そこから毒が出て、より悪影響を及ぼします。食事用のナイフやヘラ、クレジットカードの端などを使って、皮膚を傷つけないように取り除きます。針を抜き終わったら、刺された部分を水でよく洗って冷やします。もし、その後に痛がったり腫れてきたときには、すぐに医師にみてもらいましょう。

## Q 097 お茶を少しこぼして、やけどをさせてしまいました。病院に行かなくて治す方法はありますか。

**A** まず、水や冷たくぬらしたタオルなどで患部をよく冷やします。軽いやけどなら20分～30分で皮膚の赤みが引いてきます。この程度の軽いやけどだったら、そのままでも大丈夫です。しかし、上記の方法で赤みが引かない場合は、急いで病院に行きましょう。

## Q 098 電気コードをかみちぎって倒れてしまいました。どのような処置をすればいいでしょうか。

**A** 飼い主までが感電しないようによく注意しながら、呼吸の有無を確認します。呼吸が止まっていたら、落ち着いて人工呼吸（問88参照）をします。小型犬の場合には、足をもって振り回すと息を吹き返すことがあります。回復しても、数時間後に再度ショックで倒れることもあるので、必ず医師に診察してもらいましょう。

## Q 099 夏のキャンプの最中、よだれを大量に流してぐったりとしてしまいました。どうすればいいでしょうか。

**A** 日射病・熱射病の応急処置を施します。まず、日陰で風通しのいい場所にイヌを移し、水をかけたり、水でぬらしたタオルをかけたりと、とにかくイヌの体温を下げる工夫をします。よだれは拭き取ってあげて、飲み水も用意しましょう。そして、イヌの体をそのまま冷やしながら、病院に連れて行きましょう。

## Q 100 突然けいれんが起きました。どのように対処すればいいでしょうか。

**A** まずあわてずに、イヌが自分で舌を咬まないように処置をします。口を開けさせ、たたんだタオルや棒を口にはさみます。このとき、かまれないように注意しましょう。発作がおさまってきたら、すぐに病院に行きましょう。

## Q 101 「骨折部位を固定してから病院へ」とよくいいますが、固定のやり方のポイントがわかりません。

**A** 折れたり脱臼している部分は、できるだけ動かしてはいけません。ガーゼなどで患部をくるんだうえに、固く巻いた新聞・木片・厚紙などをあてがい、その上から包帯をまいて固定します。出血があれば、止血（問87参照）を行ってから固定します。あまりにイヌが暴れるようなら、止血して急いで病院へ行きましょう。

## Q 102 病院にみてもらうときは、排泄物を持って行くといいと聞きました。どうやって持っていけばいいのですか。また、ほかにも準備すべきことはありますか。

**A** 飼いイヌの様子が変で病気の疑いがあるときには、確かに排泄物を持って行くほうがいいでしょう。医師が病気の種類・原因などを特定するために、便や尿は重要な判断材料となり得るからです。いずれもビニール袋に入れて持参すればいいのですが、夏場は腐敗を防ぐような処置を簡単にしておきましょう。排泄物を入れたビニール袋を、氷を入れたビニール袋にさらに入れればいいだけです。時間的に余裕があれば、そのほかの準備として体温や脈拍、呼吸回数などを測っておきましょう。

## Q 103 車にぶつけられるなどして動けないほどに負傷したイヌは、どのようにして病院に運んだらよいのでしょうか。

**A** イヌの体をなるべく動かさないように、静かに移動させなければなりません。興奮して見境をなくしている場合もあるので、なるべく保定（問86参照）を行ってください。そして、シーツや板などをタンカの代わりにして運びます。何の上に乗せるにしても、イヌをそれらの上に乗せるときは、床を滑らせるようにそっと

移動させます。そして、イヌが落ちないようにじゅうぶん注意しながら、病院へ行く車まで運びます。イヌの落下が心配ならば、タンカの代わりのものとイヌを布などで軽く縛って固定することをすすめます。タンカのようなものが見当たらない場合には、バスタオルなど身近にあるもので三角巾を作って、ご自身でイヌをさげて運んでください。

## Q 104 本来食べてはいけないものでも、無理やり吐かせるとより危険度が増すものがあると聞きました。どんなものがあるのか教えてください。

**A** 腐食性が強いものや揮発性の強いものは、絶対に吐かせてはいけません。飲み込んでしまった際に傷つけてしまった食道や気管を、吐かせることでさらに傷つけてしまうのを避けるためです。多くの製品の容器には、成分や応急処置の方法が記載されているので、参照してください。特に吐かせると危険なものには、酸アルカリ（トイレ用洗剤、換気扇用洗浄液など）、塩素系（マニキュア、除光液など）、薬品（ショウノウ、オキシドールなど）といった物があげられます。

## Q 105 海で目を離した隙に溺れてしまいました。どのように対処すればいいでしょうか。

**A** パニックに陥っているイヌを直接救助に向かうと、飼い主まで危険な状態に陥ってしまいます。ボートなどに乗って近づくか、イヌがよじ登れるようなもの（ヒモのついたうき輪、長い棒など）を岸から渡して犬を引き上げます。つまり、飼い主の安全のために、イヌには直接触れないようにする必要があるのです。岸に上げてもぐったりしているときは、イヌの頭が胴体よりも低くなるような傾斜がついた場所に、横向きに寝かせます。それほど大きくないイヌなら、後ろ足をもって逆さにぶらさげた状態にしばらくしておき、ゆっくりと数回振り回します。こうした処置で肺のなかにたまった水を吐き出させ、呼吸を回復させます。それでも回復しない場合は、人工呼吸と心臓マッサージ（問88参照）を行います。

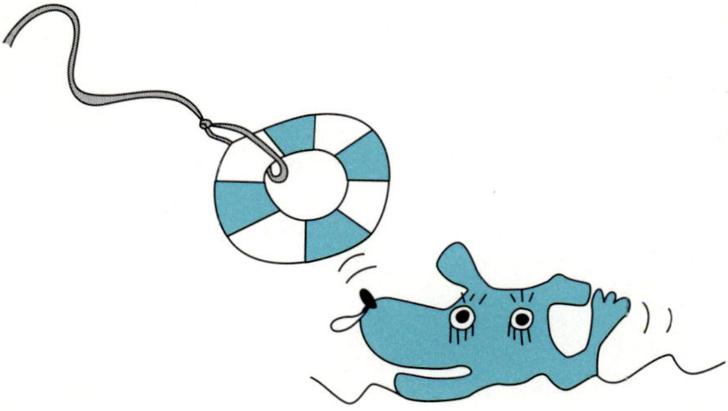

カバー・巻頭写真
蜂巣文香

✿

カバーデザイン
二宮貴子（jam succa）

✿

本文DTP
Mario-Eyes

✿

イラスト
木村友美子／木村伊沙子／木村安希子／染谷淳一

✿

ライター
中本肇／松尾佳昌／福原直美／中林治美

✿

Special Thanks
ルーカス／シュローダー／スパイク／ディリア／ペットサロンデイジー
ラ・ムーベル／ペッツタウン 与野店／松平博之／九谷精一

✿

企画
染谷淳一

✿

出版コーディネート
（株）サイバーキッズ

✿

編集
中本 肇

✿

監修
小暮規夫（獣医学博士 小暮動物病院院長）

本書は2004年3月に小社より刊行した別冊宝島セレクション
「イヌと一緒に暮らす本」を改訂・改題し、文庫化したものです。

宝島社
文庫

# イヌと一緒に暮らす本（いぬといっしょにくらすほん）

2008年8月19日　第1刷発行

編　者　別冊宝島編集部
発行人　蓮見清一
発行所　株式会社 宝島社
〒102-8388　東京都千代田区一番町25番地
電話：営業 03(3234)4621／編集 03(3239)5746
振替：00170-1-170829（株）宝島社
印刷・製本　株式会社廣済堂


First published 2004 by Takarajimasha, Inc.
ISBN978-4-7966-6550-6